Airline
In-Flight
Announcement

예비승무원을 위한
항공 기내 방송

여세희 저

백산출판사

양대 항공사 체제였던 국내에도 현재 5개 저가항공사들의 등장으로 항공사들 간의 서비스 경쟁은 더욱 치열해지고 있다. 특히 항공사의 이미지를 결정하는 데 결정적 역할을 하는 항공사 기내서비스 부분은 항공사에서 매우 중요하게 생각하는 부분이며, 차별화된 최고의 기내서비스 창출을 위해 끊임없이 노력하고 있다.

기내서비스라고 하면 일반적으로 기내식 메뉴의 다양성, 기내 음료의 고급화, 승객 좌석의 최신화 등 물질적인 부분만을 연상하기 쉬우나 승객들이 접하게 되는 기내서비스는 물질적인 부분뿐만 아니라 객실승무원의 서비스 응대태도, 용모, 말씨 등 인적인 부분이 승객의 서비스 만족도에 더 크게 작용한다고도 할 수 있다.

최근 항공사의 불만사례 중 객실승무원들의 기내 방송과 관련된 불만사항이 많이 늘었다고 한다. 그만큼 항공사의 기내 방송은 무형적인 부분이지만 항공여행의 증가로 승객들의 기내서비스에 대한 기대가 높아졌고, 서비스 평가에 있어서도 더 까다로워졌다고 볼 수도 있으며 보다 전문적인 서비스를 기대한다고 볼 수도 있다. 아무리 좋은 기내환경이라 하더라도 감기에 걸린 허스키한 목소리로 잘못된 영어발음으로 계속 기내 방송을 이어간다면 그 방송은 듣지 않을 수 없는 소음이 될 것이며 승객들은 그 방송을 통해 항공사의 서비스 수준 및 이미지를 평가할 때 좋은 감정을 가질 수 없을 것이다.

이에 항공사에서는 객실승무원의 교육 훈련 시 기내 방송 교육에 많은 비중을 두고 있으며, 기내 방송 자격증 제도도 운영하고 있고, 인사고과에도 반영하고 있는 실정이다. 일부 항공사에서는 보다 질 높은 기내 방송서비스를 위해 운항승무원에게도 기내 방송 교육을 실시하고 있다.

따라서 본 교재는 향후 항공사에서 객실승무원으로 일하고자 하는 예비 승무원들에게 입사 후 받을 수 있는 기내 방송 교육에 대비하여 사전에 기내 방송에 대한 일반적인 이론을 알아보고, 혼자서도 기내 방송 발음훈련을 할 수 있도록 만들어졌다. 교재를 집필하면서 특히 한국어 방송문과 영어 방송문 간에 내용이 매칭되지 않는 부분을 내용상 연결되도록 하는 데 주안점을 두었으며, 항공 기내 업무 시점에 맞게 승객에게 정보를 제공하는 방송인 만큼 방송문과 관련한 항공업무 지식도 함께 수록하여 학생들이 다양한 항공지식을 겸비할 수 있도록 하였다.

항공사 공채 기내 방송 면접을 위해 처음에는 발음기호가 표기된 방송문을 보고 연습하고, 점차 발음에 익숙해지면 발음기호가 표기되지 않은 방송문을 보고 훈련하는 것이 도움이 될 것이라 생각한다.

아무쪼록 부족한 부분이 많은 교재이지만 항공사 객실승무원을 꿈꾸는 예비 승무원들에게 기내 방송 면접 대비 및 입사 후 기내 방송을 실시하는 데 있어서 조금이나마 도움이 되었으면 하는 바람이며 아울러 출간되기까지 많은 도움을 주신 모든 분들께 깊은 감사를 드린다.

2014년 2월
여세희

차 례

제5장 영어 기내 방송 발음 집중 연습 / 53

제6장 이륙 전 방송 / 71

제10장 Irregular Announcement / 173

제 **1** 장

기내 방송 일반

제**1**장

기내 방송 일반

1. 기내 방송의 개요

기내 방송이란 항공기에 탑승한 모든 승객을 대상으로 비행 중 기내에서 실시되는 모든 방송을 말한다. 기내 방송은 비행 중에 승객들을 대상으로 실시되는 모든 정보의 전달 매체로서 기내에서 발생되는 모든 상황에 대한 정보를 적시에 적절히 전달하는 것을 목적으로 한다. 기내 방송을 통해 승객들은 일반적인 해당 비행관련 정보를 얻게 되고 제공될 서비스에 대한 궁금증도 해소할 수 있게 되며, 특히 비상시에는 승객의 안전을 위한 정보 전달 및 승객 통제 수단으로 활용된다. 이러한 기내 방송은 정확한 정보전달을 통해 궁극적으로 승객의 안전과 편안함을 제공하는 것을 목적으로 한다.

기내 방송의 종류로는 승무원이 직접 본인의 음성으로 실시하는 기내 방송과 사전에 녹음된 방송을 틀어주는 Pre-recorded Announcement, 운항승무원이 방송하는 Captain Announcement가 있다. 방송하는 내용의 성격에 따라 구분하기도 하는데, 기내의 일상적인 서비스 절차에 따라 방송하는 Routine Announcement와 Routine Announcement 이외에 회사 차원의 특별 공지사항, 승객의 요청에 의한 특별 주문(Order) 방송 또는 지연이나 회항과 같은 불규칙한(Irregular) 상황에 맞춰 방송하는 Irregular Announcement가 있다. 특히 Irregular Announcement 방송을 실시할 때는 일상적이지 않은 특별한 방송에 해당되므로 적합한 시점과 상황에 맞게 정확하게 전달하는 것이 중요하다.

최근 항공 여행객 수가 증가하면서 승객들의 항공사 서비스에 대한 기대 수준은 점점 높아지고 있으며 기내 방송은 단순한 정보 전달 차원이 아닌 항공사 기내서비스 및 객실승무원의 기본 자질에 대한 평가 차원에서 매우 중요한 부분을 차지하고 있다고 해도 과언이 아니다. 기내 방송 담당자가 긴 비행시간 동안 여러 차례 실시하는 방송에서 지속적으로 잘못된 발음을 구사하거나 친절함이나 상냥함이 묻어나지 않는 방송을 들려준다면 그것은 듣지 않을 수 없는 소음에 불과하며 승객들은 항공사 서비스 전체에 대한 좋지 않은 인상을 오래 간직할 수밖에 없을 것이다.

최근 일부 항공사에서는 객실승무원 채용 면접에서 영어 기내 방송문 읽기 평가를 실시하고 있는 만큼 승무원 지망생들은 영어 기내 방송문을 중심으로 정확한 발음과 억양 및 속도를 유지하면서 자연스럽고 친절함이 전달되는 방송이 될 수 있도록 반복적인 연습이 필요하다.

2. 기내 방송의 책임

객실승무원이 기내에서 기내 방송을 실시하기 위해서는 반드시 사전에 항공사에서 실시하는 기내 방송 자격시험에 응시하여 방송 자격을 취득하여야 한다. 항공사에서는 승무원이 매 비행마다 실시하게 되는 기내 방송에 있어서도 승객들에게 보다 높은 수준의 기내 방송 서비스를 제공하고 기내 방송의 품질을 관리하는 차원에서 기내 방송 자격 심사 및 자격 취득 제도를 실시하고 있다.

객실승무원이 기내 방송 자격을 취득하기 위해서는 사전에 한국어, 영어, 일본어 등 다양한 언어로 이루어진 기내 방송 매뉴얼상의 방송문을 가지고 부단

한 발음 교정과 목소리 훈련을 통해 자격 취득을 위한 노력을 상당 시간 기울여야 한다.

기내 방송 자격 취득 심사는 각 항공사의 기내 방송 담당 교관이 실시하게 되어 있으며, 객실 훈련팀에서 정한 일정의 심사 기준에 따라 객실승무원들에게 방송 자격 등급을 부여하고 있다. 이렇게 취득된 기내 방송 자격 등급에 따라 기내에서 방송을 실시할 수 있는 자격이 부여되기도 하며, 방송 자격 소지 여부는 향후 진급에도 영향을 미치므로 특별히 승무원들은 신경을 써야 하는 부분이다.

실제 비행 근무 시에 객실사무장(Cabin Manager)은 해당 비행 승무원 중에서 방송자격 최상위 등급 승무원에게 방송자격 Duty를 부여해서 기내 방송을 실시하게 하고 있다. 기내 대부분의 방송을 방송 Duty를 부여받은 승무원이 실시하게 되므로, 기내 방송을 통해 항공사에 대한 좋은 이미지를 줄 수 있도록 평소 건강관리 및 목소리 관리에도 신경을 써야 한다.

또한 방송 사고에 대한 1차적인 책임은 방송을 실시한 승무원에게 있으므로 매 비행마다 최상의 방송이 되도록 노력해야 하며, 기내의 모든 제반 업무에 대한 책임자로서 객실사무장도 기내 방송이 잘 실행될 수 있도록 방송 Duty 부여에 신중을 기하고 또한 기내 방송에 대한 최종 책임자로서의 역할을 충실히 수행하여야만 한다.

3. 기내 방송 절차

1) 방송문의 원문을 임의로 변경하지 않는다.

기내 방송은 승객들에게 정확한 정보를 전달함과 동시에 승객과 소통하는 한 수단이 되고 있다. 기내 방송문은 항공사에서 심혈을 기울여 제작한 것으로서 승객들이 들었을 때 가장 간결하고 부드러우며 정중한 문체들로 만들어져 있다.

따라서 승무원이 방송문을 임의로 변경하여 낭독하는 것은 허락되어 있지 않다. 그러나 특별한 상황이 발생했을 경우 방송문을 조금 변경하여 낭독할 수는 있으나, 추후에 반드시 해당 부서에 보고 조치하여야 한다.

2) 승객 탑승 전 PA(Public Address)의 상태를 점검한다.

기내 방송이 때로는 승객들에게 듣기 싫은 소음으로 들릴 수 있는데, 특히 수면 중의 승객들에게는 불만의 요인이 될 수 있다. 갑자기 큰 음량으로 방송이 흘러 나왔을 때 놀라는 승객들을 종종 볼 수 있는데, 이는 기내 방송과 관련된 불만 사례 중 하나로 알려져 있다. 그러므로 방송의 최종 책임자인 객실사무장과 방송 담당 승무원은 승객이 탑승하기 전 지상에서 반드시 기내 방송 마이크인 PA(Public Address)의 상태가 양호한지 그리고 음량(Volume)이 적당한지를 확인해야 한다.

PA 음량 확인 및 조절 방법은 지상에서 승객 탑승 전 방송 담당 승무원이 방송문 일부를 PA를 이용해 시험 방송을 실시하면 그 외 승무원들이 각자 승객 좌석 위치에서 음량이 적당한지 점검 후 음량 상태를 조절할 수 있다.

3) 지연(Delay) 방송은 5~10분마다 실시한다.

항공기의 출발 지연 또는 도착 지연과 같은 상황이 발생할 경우 승객들은 제시간에 도착할 수 있을지에 대한 불안감을 말로는 표현하지 못하지만 모두 가지게 마련이다. 이러한 상황에서 적시에 승객들에게 정확한 정보가 전달되지 않는다면 불안은 더욱 급증하고 심지에 강한 불만을 표출하는 경우도 있다.

그러므로 객실사무장과 방송 담당 승무원은 기장과의 적절한 정보 교류를 통해 승객들에게 지연 원인과 출·도착 관련 정보를 정확하게 제공하여 불만을 최소화해야 할 것이다.

일반적으로 항공기가 지연될 경우 객실사무장의 판단하에 지연 원인 및 출·도착에 대한 정보를 알려주는 지연(Delay) 방송을 5~10분마다 실시하는 것을 기본 원칙으로 하고 있으나, 전반적인 상황을 고려하여 승객 불만을 최소화할 수 있도록 신중하면서도 유연하게 대처하는 것이 가장 바람직한 것으로 보인다.

4) 숫자와 관련된 방송은 정확해야 한다.

기내 방송에서는 숫자와 관련된 방송을 하게 되는 경우가 있는데, 예를 들면 출발시간, 도착시간, 현지시각, 남은 비행시간, 목적지의 날짜 및 시각, 도착지 온도, 면세 범위 등이 이에 해당된다. 숫자와 관련한 방송을 할 때는 승객이 잘 알아들을 수 있도록 정확하게 발음하는 것도 중요하지만 무엇보다 정확한 정보의 전달이 가장 중요하다고 할 수 있다.

따라서 남은 비행시간 및 도착 예정시간과 같은 운항관련 방송을 실시할 경우, Air Show(기내의 스크린이나 모니터를 통해 운항관련 정보를 제공하는 기내 시스템)상의 시간을 반드시 참고하도록 하며, 승무원 개인이 소유한 시계에만 의존하여 시간을 안내하는 일이 없도록 해야 한다.

방송과 관련하여 시간에 대한 정확한 정보 전달뿐 아니라 일반적으로 승객들은 승무원들에게 시간과 관련한 문의를 자주 하는 편이다. 이에 대한 적절한 응대를 위해 승무원들은 비행 중 손목시계 착용은 필수이며 손목시계 선택에 있어서도 1분 단위의 분침 표시가 되어 있는 시계 착용을 권장하고 있다.

5) 한국어, 영어, 현지어 순으로 방송한다.

다양한 국적의 승객이 탑승하는 국제선의 경우 한국어, 영어, 현지어 순으로 방송하는 것이 일반적이며, 최근 A항공사의 경우 일본, 중국 노선의 경우 '한국어-일본어/중국어-영어' 순으로 방송하고, 그 외 기타 노선의 경우 '한국어-영어-현지어' 순으로 방송하고 있다. 국내선의 경우 한국어, 영어 순으로 방송하게 된다. 현지어 방송은 일본, 중국, 베트남, 태국 등의 현지 승무원이 실시하는 것으로 일부 비행 노선에서 현지 승무원 미탑승으로 현지어 방송이 어려운 경우 사전에 녹음된(Pre-recorded) 방송을 활용할 수도 있다.

4. 기내 방송 시 유의사항

1) 기내 방송은 서비스다.

기내 방송은 승객과 항공사가 만나는 또 하나의 접점(진실의 순간, Moment Of Truth)이라고 할 수 있다. 항공사 서비스의 중요한 한 부분임을 인식하고, 방송의 최종 책임자인 객실사무장과 방송 Duty 승무원은 회사를 대표한다는 마음가짐으로 기내 방송의 품질을 유지하기 위해 노력해야 한다.

2) 방송이 소음이 되지 않도록 한다.

가끔 방송 시 PA의 음량이 너무 크거나 방송 담당자의 음성이 너무 커서 승객들이 놀라는 경우가 있으며 객실사무장과 방송 담당 승무원이 불필요하게 중복 방송하여 승객을 불편하게 하는 경우도 있다. 그러므로 승객 탑승 전 PA 음량 조절은 필수이며 객실사무장과 방송 담당 승무원은 방송할 내용을 사전에 서로 협의하여 꼭 필요한 방송만 실시할 수 있도록 해야 한다.

특히 야간 비행의 경우 기내 방송에 각별히 유의하여 승객들이 쾌적하고 조용하며 편안한 항공 여행을 즐길 수 있도록 해야 한다.

3) 발음을 정확하게 한다.

일부 승객들 중에는 승무원의 발음이 좋지 않다며 불만을 표시하는 승객들이 있다. 그러므로 한국어 방송에 있어서 이중모음, 장·단음, 띄어 읽기 등 발음에 유의하여야 하며, 특히, 영어, 일본어 등 외국어 방송 시 더욱 발음에 유의하여야 한다. 정확한 외국어 발음을 위해 평소 꾸준히 외국어 방송 연습을 실시하는 것이 실제 방송에 있어서 많은 도움이 될 것이다.

4) 상황에 따라 융통성 있는 방송도 필요하다.

항공사에서 제작한 기본 방송 매뉴얼은 지키되, 때와 상황에 따라서 융통성을 발휘하여 방송을 실시할 필요가 있는 경우가 자주 발생하게 된다. 예를 들면, 수학여행, 각종 모임 등의 단체승객, 신혼여행객이 많이 탑승한 비행편, 전

세기편 등 승객의 구성이 특별한 경우가 있는데, 이때 기본 방송 매뉴얼은 지키되 그 승객들만을 위한 특별한 방송 문구를 실시한다면 승객들은 그 항공 여행을 더욱 특별하게 기억할 것이다.

또한 해당 비행이 취항편이거나 새로 도입된 항공기로 운항하게 되는 경우 등 상황에 따라 적절하게 융통성 있는 방송을 실시하는 것은 필수이며 승객들은 이러한 특별 방송에 대해 더욱 참신함과 신선함을 느낄 것이다.

5) 회사에서 강조하는 특별 방송은 정확하게 실시한다.

회사 차원에서 특별한 기간을 정하여 승객들에게 홍보해야 하거나 이벤트를 실시하게 되는 경우 실시하는 특별 방송은 회사의 대외 홍보 및 타 부서와의 업무 협조 차원에서 반드시 정확하게 실시하여야 한다. 국내선의 경우 이러한 특별 방송문을 종종 실시하게 되는데, 비행시간이 짧다고 하여 방송을 생략하는 일이 절대 있어서는 안 된다.

6) 운항관련 정보는 정확해야 한다.

기내 방송은 PA를 통해서 한 번 흘러나가면 다시 번복하기가 매우 곤란하다. 특히, 날짜, 시간관련 정보, 현지 온도, 공항 등 목적지와 관련한 정보 등은 정확해야 하므로 사전에 면밀히 조사한 후 방송하는 것이 기본이다.

제 **2** 장

기내 방송의 구성요소

제2장 기내 방송의 구성요소

1. 밝은 표정과 목소리

　방송하는 승무원의 목소리는 타고나는 부분이 적지 않지만 목소리의 품질은 단순히 타고난 음색이나 성량에 의해서만 결정되는 것이 아니라 방송하는 승무원의 감정상태나 건강상태, 얼굴 표정에 따라서도 방송의 느낌은 많이 달라질 수 있다. 기분이 우울한 상태로 방송을 한다거나 목감기가 걸린 상태, 무표정한 상태로 방송을 실시한다면, 아무리 타고난 목소리가 좋다 해도 듣기에 편안하거나 친절함이 묻어나는 방송은 되지 못할 것이다.

　그러므로 방송을 담당하는 승무원은 평소 감기에 걸리거나 너무 피곤하지 않도록 건강관리 및 목소리 관리를 게을리하지 말아야 하며, 본인의 기분에 따라 달라지는 방송이 되지 않도록 공과 사를 구분하는 전문적인 직업정신도 가져야 한다. 또한 승객들이 방송하는 모습을 보지 못하더라도 항상 자신의 모습을 지켜보고 있다는 생각으로 그리고 한층 더 밝은 목소리의 방송을 위하여 방송할 때에는 항상 밝은 표정으로 임해야 한다.

또한 목소리의 크기도 적당해야 하는데, 너무 목소리를 작게 하면 소극적인 이미지를 주거나 잘 들리지 않음으로 해서 정보전달이 잘 되지 않을 수 있으므로 목소리 조절에도 유의해야 한다. 적당한 방송 음량을 위해 승객이 탑승하기 전 지상에서 반드시 PA의 볼륨 조절을 실시해야 하며, 승객의 좌석 위치에서 알맞은 음량이 되도록 점검하는 것이 가장 바람직하다.

2. 정확한 발음

기내 방송은 기본적으로 정확한 정보를 승객들에게 전달하는 것이 가장 큰 목적이므로 방송문을 정확하게 발음하여 읽어주는 것은 매우 중요하다.

1) 한국어 발음

한국어의 발음을 모국어라 생각하여 아주 쉽게 생각하는 경우가 있으나 잘못된 발음으로 읽는 경우가 많으며 정확한 한국어 발음을 위해서는 부단한 발음 연습이 필요하다. 특히 사투리를 사용하는 학생들의 경우 방송할 때 사투리 억양이나 발음이 표현되지 않도록 평소에 꾸준히 표준어를 사용하는 습관을 가지도록 노력해야 한다.

2) 영어 발음

영어 방송문의 경우 지나치게 혀를 굴리거나 빠른 속도로 읽어야만 영어 방송을 잘 하는 것이라 생각할 수 있으나 오히려 또박또박 천천히 정확하게 발음해 주는 것이 듣는 외국인 승객들의 입장에서는 훨씬 더 좋다고 할 수 있다.

특히 영어 방송을 할 때는 혀를 굴린다거나 입 모양을 크게 해야 하는 경우가 많으므로 정확한 발음을 위해 입을 조금 크게 벌리면서 발음하는 것이 좋다.

승무원의 영어 발음은 해당 항공사 승무원들의 어학 실력이나 능력을 가늠해 볼 수 있는 하나의 척도가 되기도 하는 만큼 일부 항공사 채용 면접에서는 지원자들에게 영어 기내 방송문을 읽게 하여 영어 발음, 목소리, 표정 등을 테스

트하기도 하므로 평소에 어려운 영어 발음 연습을 틈틈이 해두는 것이 바람직
하다고 하겠다.

기내 방송에서 자주 사용되는 한국어 방송 발음과 영어 방송 발음에 대해서
는 다음 장에서 더욱 구체적이고 세밀하게 언급하고자 하니 참고하기 바란다.

3. 적당한 속도와 호흡

기내 방송 경력이 오래된 일부 승무원들의 경우 오랜 방송 경험이나 일종의
방송에 대한 자만심으로 인해 방송하는 속도가 점점 빨라지는 경향을 보이기도
한다. 빠른 속도로 방송을 하면 노련한 느낌이나 경험이 많은 것 같은 착각이
들 수도 있지만 기내 방송의 기본적인 목적은 승객들에게 알리고자 하는 방송
정보를 정확하게 전달하는 것이 가장 큰 목적이므로 이러한 실수를 하지 않도
록 스스로 경계해야만 한다. 방송을 빨리하게 되면 승객들은 방송의 내용을 정
확하게 이해하기 어려울 뿐만 아니라 성의 없이 방송한다는 느낌을 주게 되므
로 천천히 또박또박 방송하는 습관을 가질 필요가 있다.

기내 방송에서 적당한 속도를 유지할 수 있는 방법 중 하나가 바로 적당한
호흡을 해가면서 방송을 실시하는 것이다. 방송문의 한 문장을 쉬지 않고 계속
방송하는 것이 아니라 한 문장 안이라도 적절한 호흡을 통해 의미 단위로 끊어
서 방송문을 읽으면 의미가 더 잘 전달될 수 있다. 이렇게 성급하지 않고 적절
한 속도를 유지하면서 차분하게 방송을 한다면 승객들은 방송을 듣는 동안 훨
씬 편안함과 안정감을 가질 수 있을 것이다.

기내 방송 시 적당한 속도 유지를 위한 구체적인 방법은 다음과 같다.

1) 방송을 시작하기 전 심호흡을 한 번 하여 긴장을 풀도록 한다.

일반적으로 긴장을 하게 되면 말이 빨라지는 경향이 있듯이 기내 방송을 할
때도 긴장을 하면 방송이 빨라질 수 있으므로 심리적으로 차분한 상태에서 실
시할 수 있도록 방송 실시 전 마음가짐부터 차분하게 준비할 필요가 있다.

단, PA를 켠 상태에서 심호흡을 하거나 목소리를 가다듬는 소리를 내어 방송을 시작하기 전부터 이런 잡음들이 새어나오지 않도록 주의해야 한다. 또한 실제 기내에서 방송하기 전 잠시 여유가 있다면 따뜻한 물을 한 잔 마신 후 실시하는 것도 긴장을 풀거나 목 상태를 가다듬는 한 방법이 될 수 있다.

2) 방송의 처음과 끝부분 모두 일정한 속도를 유지하도록 유의한다.

방송의 첫 부분은 천천히 또박또박 시작하고는 끝부분에 가서 속도가 빨라지는 경향이 있는데, 첫 부분은 너무 느리게 하여 지루한 감을 주거나 승객을 집중시키지 못하는 일이 없도록 하고 끝부분은 너무 빨라져서 방송을 빨리 마치려는 성급한 인상을 주어서는 안 된다.

3) 한 문장 안에서 적절한 호흡을 통해 방송의 내용을 효과적으로 전달한다.

한 문장 안에서 호흡을 해야 하는 경우는 한 문장이 너무 길어 한 호흡으로 방송하기 어려운 경우이다. 긴 문장의 경우 문장 안에서 의미 단위로 끊어 읽되 1초 정도의 짧은 호흡을 하면서 끊어 읽도록 하고, 문장의 끝에서는 2초 정도의 호흡을 통해 한 문장이 끝났음을 표현할 수 있다.

유의할 점은 문장 안에서 너무 자주 호흡하여 자연스런 방송의 흐름이 깨지지 않도록 하는 것이며, 호흡하는 숨소리가 너무 커서 PA를 통해 흘러나오지 않도록 주의해야 한다.

제 **3** 장

기내 방송을 위한 준비 훈련

기내 방송을 위한
준비 훈련

1. 입 주위 근육 풀기

온몸의 긴장이 완화된 상태여야 편안하고 부드러운 목소리가 나온다. 그러므로 발성훈련을 하기 전에 가벼운 전신 스트레칭으로 온몸의 긴장을 부드럽게 풀어주도록 한다. 그 다음 조음기관을 풀어주도록 한다. 발음을 만드는 기관인 혀, 입술, 턱, 얼굴근육 등 조음기관을 풀어주는 것과 풀어주지 않는 것은 발성과 발음에 있어 큰 차이를 가져온다. 보다 명료한 발성과 발음을 원한다면 연습 전 조음기관을 충분히 풀어주도록 한다.

조음기관을 풀어주는 방법은 다음과 같다.

① 손바닥의 아랫부분을 이용해 볼 전체를 둥글게 원을 그리듯 마사지한다.
② 두 뺨을 풍선처럼 빵빵하게 부풀린 채로 5초간 그대로 멈춘다.
③ 두 입술의 힘을 빼고 공기를 가볍게 내보내며 '푸르르르' 입술을 떤다.
④ 'ㅗ'와 'ㅏ' 입모양을 크고 확실하게 하면서 혀로 '똑딱똑딱' 소리를 여러 번 낸다.

⑤ 입술을 오므리고 앞으로 쭉 내민 상태에서 시계방향과 그 반대방향으로 마구 돌린다.

⑥ 혀를 길게 내밀었다, 접었다를 반복한 뒤 혀로 입안 구석구석을 마구 핥아 준다.

시간이 충분히 많지 않은 상황에서 입 주위의 근육을 빨리 풀어주고 싶다면 입술을 최대한 크게 벌리면서 소리를 내면서 '아, 에, 이, 오, 우'를 발음해 보는 것도 좋은 방법이 될 것이다. 이때도 복식호흡을 하면서 발성 연습과 입 주위 근육을 풀어주는 것이 포인트다.

한국어 발음 연습

1) 간장공장 공장장은 강 공장장이고, 된장공장 공장장은 장 공장장이다.

2) 저기 가는 저 상 장사가 새 상 장사냐 헌 상 장사냐

3) 들의 콩깍지는 깐 콩깍지인가 안 깐 콩깍지인가
   깐 콩깍지면 어떻고 안 깐 콩깍지면 어떠냐
   깐 콩깍지나 안 깐 콩깍지나 콩깍지는 다 콩깍지인데

4) 한양 양장점 옆 한영 양장점, 한영 양장점 옆 한양 양장점

5) 앞집 팥죽은 붉은 팥 풋팥죽이고, 뒷집 콩죽은 해콩 단콩, 콩죽,
   우리집 깨죽은 검은깨 깨죽인데 사람들은 해콩 단콩 콩죽 깨죽
   죽 먹기를 싫어하더라

6) 저기 있는 말 말뚝이 말 맬 말뚝이냐, 말 못 맬 말뚝이냐

7) 서울특별시 특허허가과 허가과장 허 과장

영어 발음 연습

1) A big black bug bit a big black bear.

2) Can you can a can in a can?

3) Eddie edited it.

4) She saw a seesaw at the seashore.

5) Black block background, brown block background.

6) Rubber baby buggy bumpers.

7) You two, too must be there from two to two to two past two.

8) Six slippery snails, slid slowly seaward.

9) I scream, you scream, we scream, for ice cream.

10) I eat eel, while you peel eel.

11) The batter with the butter is the batter that is better.

2. 복식호흡 연습

좋은 목소리의 3요소는 호흡, 발성, 발음이다. 이 중 가장 중요한 것은 '호흡'이며, 복식호흡이 되지 않은 상태에서 절대 좋은 발성을 기대할 수 없다. 복식호흡이란 가슴으로 쉬는 얕은 호흡이 아니라 공기를 아랫배 쪽으로 보내며 깊게 숨을 쉬는 심호흡이다. 즉, 숨을 들이마시면 (폐 아랫부분까지) 공기가 채워져 배가 부풀어 오르고, 내쉬면 배에서 공기가 빠지면서 배는 다시 들어가게 된다. 코로 숨을 들이마시고, 입으로 가볍게 숨을 내뱉도록 한다.

코로 들이마시고, 입으로 내뱉는 복식호흡을 하면서 발성 연습을 간단히 해 보도록 한다.

① 5초간, '아~~' 발성
② 10초간, '아~~~' 발성
③ 15초간, '아~~~~' 발성

이때 소리가 불안정하게 떨리거나 크기가 작아져서는 안 된다. 처음부터 호흡을 너무 많이 내뱉지 말고, 복근을 이용해 시작부터 끝까지 일정한 호흡을 조절하는 것이 바람직하다.

호흡이 길수록 더 안정적으로 말을 할 수 있다. 호흡이 짧으면 대체로 말을 하면서 숨이 차거나, 말끝이 떨리고 흐려질 수 있기 때문이다. 길고 안정적인 호흡을 만들기 위해 길게 들이마시고 내쉬는 연습을 많이 하도록 한다.

① 3초간 숨을 들이마시고, 5초간 내쉰다.(5번 반복)
② 5초간 숨을 들이마시고, 10초간 내쉰다.(5번 반복)
③ 7초간 숨을 들이마시고, 12초간 천천히 내쉰다.(3번 반복)
④ 10초간 숨을 들이마시고, 15초간 서서히 내쉰다.(3번 반복)

복식호흡을 연습하면서 자신의 최적의 목소리 톤을 찾을 수 있다. '음~' 공명음을 낮은 톤부터 높은 톤까지 여러 톤으로 소리 내어 본다. 성대가 위아래로 움직이지 않으면서도 그 자리에서 편안하게 진동하는 목소리 톤이 가장 적정한 자기 목소리 톤이다. 그 톤을 유지하면서 다음의 모음이 연결되도록 부드럽게 발성해 본다.

① 음~~

② 음~~이~~

③ 음~~아~~

④ 음~~이~~아~~

⑤ 음~~이~~에~~아~~

⑥ 음~~이~~오~~우~~

⑦ 음~~이~~에~~아~~오~~우~~

마지막으로 빠른 호흡부터 느린 호흡까지 차례대로 연습해 본다. 강한 발성을 위해서는 맑은 공기를 빠르게 들이마시고 내쉬어야 하는 반면, 부드러운 발성을 위해서는 적당한 양의 공기를 천천히 들이마시고 내쉬어야 한다. 다양한 소리를 내기 위해서는 빠른 호흡과 느린 호흡 모두에 익숙해져야만 한다.

① 1초간 들이마시고, 2초간 내쉰다.

② 2초간 들이마시고, 4초간 내쉰다.

③ 3초간 들이마시고, 6초간 내쉰다.

④ 4초간 들이마시고, 8초간 내쉰다.

⑤ 5초간 들이마시고, 10초간 내쉰다.

⑥ 6초간 들이마시고, 12초간 내쉰다.

⑦ 7초간 들이마시고, 14초간 내쉰다.

⑧ 8초간 들이마시고, 16초간 내쉰다.

⑨ 9초간 들이마시고, 18초간 내쉰다.

⑩ 10초간 들이마시고, 20초간 내쉰다.

제4장

한국어 기내 방송
발음 집중 연습

한국어 기내 방송
발음 집중 연습

1. 모음 발음

1) 'ㅔ'와 'ㅐ' 발음 구별하기

'ㅔ'와 'ㅐ'는 기본적으로 입을 벌리는 정도에서 차이가 난다. 검지 손톱을 가볍게 무는 정도로 입을 약간만 벌리면서 내는 소리는 'ㅔ', 검지와 중지를 겹쳐서 물 정도의 간격으로 입을 크게 벌리고 내는 소리는 'ㅐ'이다.

발음 예
'ㅔ' : 전자제품, 면세품, 세관 'ㅐ' : 비행기, 휴대전화, 확인해

2) 'ㅓ'와 'ㅡ' 발음 구별하기

흔히 사투리를 쓰는 사람들이 'ㅓ' 발음을 'ㅡ'로 하는 경우가 많다. 두 모음의 차이는 입이 벌어진 정도가 다른데, 'ㅓ' 발음할 때 입이 벌어진 정도는 'ㅔ'와 같고, 'ㅡ'를 발음할 때 입이 벌어진 정도는 'ㅣ'와 같다. 즉, 'ㅓ'를 발음할 때 아래턱을 약간 내려 반드시 입을 벌리도록 한다.

발음 예	
'ㅓ'	'ㅡ'
검역설문서	승무원
즐거운	탑승
선반	그러나
저녁	지금부터
안전	흡연

3) 이중모음

'ㅑ, ㅒ, ㅕ, ㅖ, ㅘ, ㅙ, ㅛ, ㅝ, ㅞ, ㅠ, ㅢ'는 이중모음으로 발음한다.

발음 예	
좌석	외화
과세	보관해주시고
세관 신고서	확인해주시기 바랍니다
귀국편	고무관
부과됨을	환자
축산관계인	주기된 항공기
검역기관	귀중품
확인해	관제탑
쾌적한	초과한

■ '의'의 세 가지 발음 익히기

※ 단어의 첫음절 이외의 '의'는 [ㅣ]로, 조사 '의'는 [ㅔ]로 발음함도 허용한다.

① 단어의 첫음절 '의'는 [ㅢ]로 발음한다.

발음 예
의사
의자
의문
의혹
의의
의리

② 첫음절 이외의 '의'는 [이]로 발음할 수 있다.

발음 예	
협의	협[이]
회의	회[이]
주의사항	주[이]사항
창의	창[이]
수의사	수[이]사

③ 조사 '의'는 [에]로 발음할 수 있다.

발음 예	
승무원의 안내	승무원[에] 안내
검역기관의 소독조치를	검역기관[에] 소독조치를
한국으로의 반입이	한국으로[에] 반입이
민주주의의 의의	민주주의[에] 의의
논의의 결과	논의[에] 결과
강의의 참여도	강의[에] 참여도

4) 'ㅘ' 정확하게 발음하기

많은 사람들이 'ㅘ' 모음을 발음하기 귀찮다는 이유로 'ㅏ'로 대강 발음하는 경우가 많다. 입 모양을 변화시키며, 이중모음 '과' 발음을 문장 속에서 정확하게 발음하도록 한다.

발음 예
좌석
기류관계
세관
영화
휴대전화
화장실
기상악화
외화
정확한
좌회전

5) 모음 축약

문어체로 된 기내 방송문을 좀 더 자연스럽게 구어적으로 표현하는 방법의 하나로 모음 축약을 들 수 있다. 그러나 무조건적으로 축약하기보다는 자연스럽게 발음되도록 문장에 따라 축약을 하지 않는 것이 자연스러울 수도 있다.

발음 예
마련되어, 마련돼
준비하여, 준비해
방금 도착하였습니다, 방금 도착했습니다
기내체조 비디오가 준비되어, 기내체조 비디오가 준비돼
안전을 위하여, 안전을 위해
사용이 금지되어, 사용이 **금지돼**

■ 자연스런 방송을 위한 구어적 표현방법

　기내 방송문에는 문어체로 표현된 부분이 다소 있으나 실제로 방송을 실시할 때는 자연스럽고 듣기 편한 방송을 위해 구어적인 표현을 쓰는 것이 바람직하다. 구어적 표현은 '~사~'나 '~오~'와 같은 음을 탈락시키거나 두 음을 축약함으로써 표현할 수 있다.

　기장이나 승무원의 이름을 발음해야 하는 경우 '~ㅂ니다'는 앞 글자가 모음으로 끝나는 경우 모음 아래 붙여 읽는다. 예를 들면, '박연희입니다'는 '박연힙니다'로 읽어 구어적으로 표현하는 것이 바람직하다.

발음 예
출발하겠사오니 > 출발하겠으니
있사오니 > 있으니
바라오며 > 바라며
2온스입니다 > [2온습니다]
김진수입니다 > [김진숨니다]
마찬가지입니다 > [마찬가짐니다]

2. 경음화 현상

　유성음 다음에 오는 무성음이 유성음으로 되지 않고 된소리로 나거나, 폐색음(파열음이 파열되지 않은 상태) 다음에 오는 평음(예사소리)이 된소리로 나는 현상을 말하는데, 받침 'ㄱ'이나 'ㄲ, ㅋ, ㄳ, ㄺ', 'ㄷ'이나 'ㅅ, ㅆ, ㅈ, ㅊ, ㅌ', 'ㅂ'이나 'ㅍ, ㄼ, ㄿ, ㅄ' 뒤에 연결되는 'ㄱ, ㄷ, ㅂ, ㅅ, ㅈ'은 된소리로 발음한다.

발음 예	
탑승[탑씅]	객실장[객실짱]
항법[항뻡]	창문 덮개[창문 덥깨]
납부[납뿌]	국밥[국빱]
협조[협쪼]	깎다[깍따]
복도[복또]	삯돈[삭똔]
읽고[일꼬]	닭장[닥짱]
영주권[영주꿘]	옷고름[옫꼬름]
갑작스럽게[갑짝스럽께]	있던[읻떤]
보안검색대[보안검색때]	꽃다발[꼳따발]
탈출 직전[탈출 직쩐]	옆집[엽찝]
여권[여꿘]	넓죽하다[넙쭈카다]
별도의[별또의]	읊조리다[읍쪼리다]
탑재[탑째]	값지다[갑찌다]

※ 경음화의 잘못 사용된 예

단어	정확한 발음	잘못된 발음
간단한 식사 고추장	[간단한 식사] [고추장]	[간따난 식사] [꼬추장]

3. 받침 'ㅎ'의 발음

'ㅎ'이나 'ㄶ, ㅀ' 뒤에 'ㄱ, ㄷ, ㅈ'이 결합되는 경우에는, 뒤 음절 첫소리에 합쳐져서 [ㅋ, ㅌ, ㅊ]으로 발음한다.

발음 예
놓고[노코]
좋던[조턴]
쌓지[싸치]
많고[만코]
않던[안턴]
닳지[달치]

받침 'ㄱ이나 ㄺ', 'ㄷ', 'ㅂ이나 ㄼ', 'ㅈ이나 ㄵ'이 뒤 음절 첫소리 'ㅎ'과 결합되는 경우에도, 역시 두 음을 합쳐서 [ㅋ, ㅌ, ㅍ, ㅊ]으로 발음한다.

발음 예	
이륙 후[이류 쿠]	맏형[마텽]
주목해[주모케]	먹히다[머키다]
계속할[계소칼]	밟히다[발피다]
기상악화로[기상아콰로]	꽂히다[꼬치다]
쾌적한[쾌저칸]	좁히다[조피다]
정확한[정화칸]	넓히다[널피다]
각하[가카]	앉히다[안치다]

■ 자음 'ㅎ' 발음

방송을 빨리 하다 보면 가끔 자음 'ㅎ'을 생략하여 발음하는 경우가 있다. 자음 'ㅎ'을 발음할 때는 [ㅇ]으로 발음하지 말고 정확히 [ㅎ]의 음가를 낼 수 있도록 유의하여야 한다.

단어	잘못된 발음
저희 비행기는	저의 비앵기는
인천국제공항	인천국제공앙
출발할 예정	출발알 예정
문의사항	문의사앙
출발하겠습니다	출발아겠습니다
여행하시는 분	여앵하시는 분
자세한 사항	자세안 사항
호흡	호읍
휴대전화	휴대전와
양해해	양애애
포함한	포암안
수행을 위해	수앵을 위해

4. 연음

홑받침이나 쌍받침이 모음으로 시작된 조사나 어미, 접미사와 결합되는 경우에는 제 음가대로 뒤 음절 첫소리로 옮겨 발음한다.

발음 예	
반입[바닙]	깎아[까까]
검역[거멱]	옷이[오시]
흡연[흐변]	있어[이써]
급유[그뷰]	낮이[나지]
잡아주시고[자바주시고]	꽂아[고자]
착용해 주시고[차공해 주시고]	꽃을[꼬츨]
좌석 밑에[좌석 미테]	쫓아[쪼차]
좌석 밑이나[좌석 미치나]	밭에[바테]

5 표준어 발음

평소에 사투리를 많이 사용하는 승무원들의 경우 기내 방송을 실시할 때 은연중에 사투리가 섞여 나오는 경우가 있는데, 평소 표준말을 사용하는 언어생활 습관을 가지는 것이 매우 중요하다. 사투리의 억양이나 발음은 하루아침에 고치기가 어려우므로 평소에 아나운서들의 발음을 모방하거나 신문 사설 등을 활용하여 표준 발음으로 낭독하면서 표준어 발음 연습을 하는 것은 올바른 기내 방송에 많은 도움이 될 것이다.

서울, 경기지역의 표준어를 구사하는 학생들이라 할지라도 '~로'를 '~루'로 발음하는 경우가 종종 있으며, 경상도 지역 학생들의 경우 첫음절 '의'의 발음을 모음 [으]로 발음하는 경향이 있는데 정확한 발음을 위해 일상생활에서부터 표준어 구사를 위해 노력해야 할 것이다. 또한 불필요하게 단어를 경음화하여 발음하는 경우도 있는데 단어 음가대로 발음할 수 있도록 노력하여야 한다.

단어	잘못된 발음
그리고	그리구(×)
진심으로	진심으루(×)
앞으로도	앞으르두(×)
작성해주시고	작성해주시구(×)
승무원	성무원(×)
쾌적한	쾌즉한(×)
의사	으사(×)
환승하는	환성하는(×)
언제든지	언제던지(×)
간단한	간딴한(×)
고추장	꼬추장(×)
선반 속에	선반 쏙에(×)
쇼핑하시기	쑈핑하시기(×)
지금부터	지끔부터(×)

6. 음의 길이

모음의 장단을 구별해서 발음하되, 단어의 첫음절에서만 긴소리가 나타나는 것을 원칙으로 한다. 장단에 따라 뜻이 달라지는 단어가 많으므로 장단을 주의하여 발음해야 한다.

예를 들어 '적다'는 '글을 쓰다'의 의미일 경우 [적따], '많지 않다'의 의미를 말할 경우 [적 : 따]로 발음해야 한다.[사과/사 : 과], [밤/밤 :], [눈/눈 :], [장기/장 : 기], [말/말 :] 등에서도 알 수 있듯이 하고자 하는 말의 의미에 따라 장단음을 잘 구별하여 발음하도록 해야 한다.

단어	
안 : 내	매 : 주십시오
금 : 연	비 : 상탈출
감 : 사	비 : 상구
준 : 비	비 : 상장비
대 : 기	비 : 상등
전 : 자기기	이 : 륙
전 : 원	잠시 후 :
예 : 정	저 : 렴한
오 : 전	견 : 인
오 : 후	예 : 상됩니다
항 : 공	제 : 공해 드리겠습니다
좌 : 석	면 : 세품
말 : 씀	이 : 용 방법
가 : 산세	모 : 든
만 : (10,000) 불	대 : 문자

용언의 단음절 어간에 어미 '-아/-어'가 결합돼 한 음절로 축약되는 경우에도 긴소리로 발음한다.

발음 예	
보아	봐[봐 :]
되어	돼[돼 :]
두어	둬[둬 :]
하여	해[해 :]

■ 감정을 담은 의도적인 장음 연출

기내 방송은 뉴스 방송과 같이 정보 전달이라는 기본적인 목적은 동일하지만 기내 서비스의 한 부분으로서 뉴스 방송보다는 다소 부드럽게 방송하는 것이 바람직하다. 방송 내용이나 성격에 따라 '친절함', '정성스러움', '죄송함', '감사' 등의 감정이 잘 전달될 수 있도록 단음으로 발음되어야 하는 단어이지만 장음으로 표현하여 더 효과적으로 의미를 전달할 수도 있다.

발음 예	장음 연출
편안한	편안 : 한
편안하게	편안 : 하게
정성껏	정 : 성껏
진심으로	진 : 심으로
대단히	대 : 단히
언제든지	언 : 제든지

7. 음의 동화

'ㄷ, ㅌ'이나 'ㄾ'이 조사나 접미사의 모음 'ㅣ'와 결합되는 경우에는, [ㅈ, ㅊ]으로 바꾸어서 뒤 음절 첫소리로 옮겨서 발음한다.

발음 예	
좌석 등받이	좌석[등바지]
좌석 밑이나	좌석[미치나]

또한, 'ㄷ' 뒤에 접미사 '히'가 결합돼 '티'를 이루는 것은 [치]로 발음한다.

발음 예	
문이 자동적으로 닫히므로 갇힌 사람	문이 자동적으로[다치므로] [가친]사람

※ 자음동화의 잘못된 사례

단어	올바른 발음	잘못된 발음
감기	[감기]	[강기]
옷감	[온깜]	[옥깜]
있고	[인꼬]	[익꼬]
꽃길	[꼰낄]	[꼭낄]
문법	[문뻡]	[뭄뻡]
못보고	[몬뽀고]	[몹뽀고], [모뽀고]

8. 띄어 읽기

기내 방송문을 읽을 때는 안정된 복식호흡을 하면서 의미 단위로 적절하게 띄어 읽는다면 매우 안정적인 느낌으로 방송 내용을 전달할 수 있다. 또한 한 문장 안에서 적절하게 띄어 읽어서 강조해야 하는 부분을 강조할 수도 있다.

1) 일반적으로 띄어 읽는 방법에는 3가지가 있다.

① 잠시 멈추었다 살짝 쉬기
② 문장 내에서 1박자 쉬기
③ 문장 끝에서 2박자 이상 쉬기

2) 방송문에 박자 표시를 미리 해두면 읽기가 편리하므로 미리 표시해 두는 것이 좋다.

한 문장 안에서 띄어 읽기
지금부터 좌석벨트를 매주시고 / 좌석 등받이와 테이블은 / 제자리로 해주시기 바랍니다.// 손님 여러분, / 입국서류를 안내해 드리겠습니다.//

3) 나열식 문장으로서 쉼표(,)가 있는 경우, 쉼표마다 1박자씩 쉬어주고 너무 지루하거나 단조롭지 않게 들리도록 약간의 리듬을 넣어 읽는다.

나열식 문장의 띄어 읽기
미국산 고기, / 과일, / 동식물은 / 특히, / 여행지나 기내에서 설사, / 구토, / 복통, / 발열 등의 증상을 겪으신 분은/

4) 날짜, 시간을 읽을 때는 정확성을 강조하기 위해 또박또박 띄어 읽도록 한다.

날짜, 시간 띄어 읽기
이곳 인천국제공항의 현지 시각은 / 10월 / 15일 / 오후 2시 / 30분입니다.//

단, 한 문장 안에서 지나치게 많이 띄어 읽게 되면 자연스러운 방송이 되지 못한다. 복식호흡을 통해 공기를 많이 들이마신 다음 긴 호흡을 통해 끊어 읽지 않고 한 호흡으로 최대한 길게 방송문을 읽어나갈 수 있도록 방송 연습을 해야 한다.

9. 강세와 억양

　기내 방송에서는 승객들에게 중요하게 전달되어야 하는 부분을 강조하기 위해 문장 안에서 강세를 두거나 조금 천천히 읽음으로 해서 강조를 하고 있다. 대표적으로 강세를 두는 부분은 인명(기장 또는 승무원의 이름), 국가명, 도시명, 편명, 날짜와 시간 등이다.

강세의 예
오늘 여러분을 모시고 갈 기장은 박재훈[박 재 훈]이며 비행기는 도쿄[도 : 쿄]까지 가는 아시아나항공 122[일 이 이]편입니다. 이곳 현지시각은 5월 / 7일 / 오후 / 4시 / 28분입니다.

　기내 방송을 할 때 글로 된 방송문이라 할지라도 책을 읽듯이 단조롭게 읽는다면 기계음처럼 들려 승객들은 매우 지루해할 것이다. 상대방에게 직접 말해주듯이 방송문에 따른 적절한 감정을 이입하여 다양한 억양으로 읽어 자연스럽고 생동감 있는 방송이 되도록 해야 한다.

　특히, 한 문장의 끝에서는 자연스럽고 안정적인 끝맺음을 위해 음을 음정의 '도' 정도로 내리면서 발음하는 것이 가장 자연스럽고 세련되어 보인다. 그러나 '손님 여러분, 안녕하십니까?'처럼 의문형의 문장에서는 실제로 물어보듯이 '~까'를 '솔' 정도의 음으로 올려서 발음하기도 한다. 단, 한 문장 안에서 지나치게 올렸다 내렸다 하여 산만한 방송이 되지 않도록 유의해야 하며, 한 문장 안에서 반복적으로 끝을 올려 지루한 느낌을 주지 않도록 유의하면서 방송하도록 한다.

억양의 예
손님 여러분(↘), 안녕하십니까? (↗) 우리 비행기는(↗) 방금(↘) 로스앤젤레스에(↗) 도착했습니다. (↘)

10 편명, 인명, 숫자 읽기

1) 편명을 읽을 때는 숫자 1자씩 또박또박 읽는다. 숫자 0은 [영]으로 읽지
   않고 [공]으로 읽는다.

예) 701편[칠 공 일⌒편]

편명	올바른 발음	잘못된 발음
937편	[구 삼 칠편]	[구백삼십칠편](×)
017편	[공 일 칠편]	[십칠편](×)
202편	[이 공 이편]	[이백이편](×), [이 영 이편](×)

2) 인명을 읽을 때도 이름 한 자 한 자씩 띄어가며 강조하여 읽는다.

인명	올바른 발음
기장은 김성수이며 캐빈 승무원 안지영입니다	기장은 [김 성 수]이며 캐빈 승무원 [안 지 영]입니다

3) 숫자 읽기(월, 일, 시, 분)

　한자어에서 본음으로도 나고 속음으로도 나는 것은 각각 그 소리에 따라 적
는다. '육'과 '십'은 본음으로 날 때는 각각 '육'과 '십'이지만 속음으로 날 때는
'유'와 '시'이다. 따라서 '6월'과 10월'은 각각 [유 : 월]과 [시 : 월]로 발음된다.

※ 수의 장단음

장음(2, 4, 5)	단음(1, 3, 6, 7, 8, 9, 10)
2월[이 : 월] 4월[사 : 월] 5월[오 : 월]	1분, 3분, 6분, 7분, 8분, 9분, 10분

시간을 읽을 때는 한 시, 두 시, 세 시, 여덟 시, 아홉 시, 열 시 등으로 발음하며, 10시는 [열 : 시] 장음으로 발음한다. 또한 '10시 30분'을 [열 : 시 반]으로 읽지 않도록 유의한다.

■ **뉴스 따라 읽기 1**

(생략)

사실 / 북한의 3차 핵실험 이후 / 중국인들의 북한에 대한 여론은 / 갈수록 나빠지고 있다.// 중국 사람들이 반북 시위를 벌였다는 것 자체가 / 이례적이고 심상찮다.// 중국으로서는 / 연간 수억 달러씩 무상원조를 받고 있는 북한이 / 자신들의 만류를 무릅쓰고 핵실험을 강행했다는 사실을 / 받아들이기 쉽지 않을 것이다.//

북한의 핵실험은 / 비핵화, / 평화와 안정이라는 / 중국의 일관된 한반도 정책을 / 근본적으로 흔드는 것이기 때문이다.//

중국이 당장 / 한반도 정책을 바꿀 것이라고 단정하기는 어렵지만, / 베이징 외교가에 따르면 / 중국 지도부는 2010년부터 / 내부적으로 한반도 통일이 중국의 전략적 이익에 / 어떤 영향을 미치는지 / 검토하고 있다고 한다.//

더욱이 시진핑 총서기가 / 오는 14일 전국인민대표대회(전인대)에서 / 국가주석으로 선출된 다음 / 중국 새 지도부가 / 한반도 정책을 새롭게 확정할 것이라는 점을 감안하면 / 최근 일련의 움직임을 주목할 필요가 있다.//

이명박 전 대통령은 / 퇴임 인터뷰에서 / "한반도가 통일되더라도 / 미군은 휴전선 이남에 주둔할 것이라고 / 중국 측에 알렸다"고 밝힌 바 있다.// 이는 한반도 통일 이후 / 미군과 국경지대에서 마주볼 수도 있다는 / 중국 측 우려를 / 덜어주기 위한 발언이었다고 해석할 수 있다.//

정부는 / 중국의 한반도 정책에 어떤 변화의 조짐이 있는지를 / 예의 주시해야 한다.// 이에 따른 세심하고 정밀한 / 대중 외교가 필요하다고 본다.// 외교부 장관 후보자가 / 우리 외교 우선순위에서 / 중국이 일본보다 앞선다는 / 미숙하고 황당한 발언이나 할 때가 아니다.//

-경향신문 사설, 2013.3.1.

■ **뉴스 따라 읽기 2**

(생략)

세계적 컨설팅 회사 매킨지가 14일 / '한국 보고서'를 통해 / "중산층 가구의 절반이 소득 정체와 지출 확대의 덫에 걸려 / 빈곤층으로 추락할 위기를 맞고 있다"고 경고했다.// 중산층 가구 비율이 / 1990년 75.4%에서 2010년 67.5%로 / 계속 줄어들고 있는데다, / 중산층 가구 중 55%는 대출 원리금 상환 부담으로 / 적자(赤字)를 내고 있는 '빈곤 중산층'이라고 했다.//

중산층 붕괴의 가장 큰 원인은 / 대기업의 고임금 일자리가 줄어 / 가계 소득이 늘지 않는 데 있다.// 제조업 부문 대기업의 생산성은 / 1995~2010년에 연평균 9.3%씩 높아졌다.// 그러나 해외 생산 비중이 / 2005년 6.7%에서 2010년 16.7%로 높아지면서 / 국내 고용은 매년 2%씩 줄어들었다.//

국내 고용의 88%를 차지하는 중소기업과 / 70%를 차지하는 서비스산업은 / 저(低)생산성의 늪에서 헤어나지 못하고 있다.// 제조업 부문 중소기업의 생산성은 / 1990년 대기업의 49%에서 2010년 27%로 뚝 떨어졌고, / 임금 수준은 대기업의 절반에 그치고 있다.// 독일 중소기업의 생산성은 대기업의 62%, / 임금은 대기업의 90%에 이른다.// 서비스산업의 생산성도 대기업의 40% 수준이다.//

소득은 늘어나지 않는데 / 주택 구입과 관련한 대출금 상환 부담이 늘고 / 교육비 부담도 크다.// 그 바람에 가계 저축률은 / 1994년 20%에서 2012년 3%로 떨어졌고, / 가계 부채가 폭발적으로 늘었다.// 매킨지는 "세계 최고 수준의 자살률과 이혼 증가, / 저출산 추세도 중산층이 무너지고 있는 것과 관련이 있다"며 / "이대로 가면 한국 경제가 성장을 지속할 수 없게 될 것"이라고 했다.//

한국 경제가 새로운 성장 기반을 마련하려면 / 중소기업과 서비스산업의 경쟁력을 키우고 / 효율화해야 한다는 것은 / 오래전부터 나온 이야기다.// 그러나 역대 어느 정부도 / 이해 당사자의 저항과 관련 집단의 대립을 / 조정하고 설득할 수 있는 새로운 대안을 내놓지 못했다.// 우리 경제가 활력을 되찾고, / 양질 일자리를 만들어내려면 / 생산성이 낮은 기업이 경제 원리에 따라 도태되고 / 그 인력과 자본이 효율적 신생 기업으로 옮아가는 / 기업 생태계의 선순환이 이뤄져야 한다.// 그래야 기업과 산업 전반의 생산성이 높아져 / 중산층이 복원되고 / 복지 사회의 토대도 만들 수 있다.//

—조선일보, 2013.4.15.

🔔 명언 따라 읽기

□ 공감은 성숙의 가장 좋은 지표이다.   _ 텅후 원칙
□ 남을 배려하기 위해 의식적으로 자주 노력한다면 개인과 전체 사회는 모두
  엄청난 변화를 겪을 것이다.   _ 헨리 C. 링크(심리학자)
□ 약자는 용서하지 못한다. 용서는 강자만이 할 수 있다.

                                                           _ 마하트마 간디(정치인)
□ 분노의 한 순간을 이겨내면 백일 동안의 슬픔을 피할 수 있다.

                                                                 _ 중국 속담

□ 모욕에 복수하기보다는 무시하는 편이 좋다.

                                                          _ 세네카(로마 철학자)

□ 내가 적을 없애는 방법은 친구로 만드는 것이다.

                                                        _ 에이브러햄 링컨(정치인)

□ 인내는 지혜의 동반자이다.   _ 성 아우구스티누스
□ 위트는 우리를 지켜주는 울타리이다.   _ 마크 반 도렌(시인)
□ 진정한 대화의 기술은 맞는 곳에서 맞는 말을 하는 것뿐 아니라, 안 맞는
  곳에서 하지 말아야 할 말을 불쑥 해버리지 않는 것까지도 포함한다.

                                                             _ 도로시 네빌(작가)

□ 모든 논쟁은 누군가 무지하기 때문이다.   _ 루이스 브랜다이스(미국 법률가)
□ 우리가 할 일은 과거에 대한 비난이 아닌, 미래를 위한 계획이다.

                                                         _ 존 F. 케네디(미국 대통령)

□ 훌륭한 매너는 사소한 희생을 바탕으로 한다.   _ 랄프 왈도 에머슨(사상가)
□ 인간 의사소통의 궁극적인 목적은 타협이다.

                                                      _ 스콧 펙(미국의 의사 겸 작가)

□ '할 수 없다'라는 말을 마음에서 지우라.   _ 새뮤얼 존슨(시인)

                              -『적을 만들지 않는 대화법』 중에서, 갈매나무, 2010.

제 **5** 장

영어 기내 방송
발음 집중 연습

영어 기내 방송
발음 집중 연습

1. r과 l

1) [r]발음

영어 자음 중에서 가장 많이 울리는 음인 [r]발음을 잘 하면 영어 발음이 확실히 달라짐을 느낄 수 있다. 한국인들이 가장 어려워하는 발음 중 하나이며, 이 발음을 정확하게 내기에는 한국인의 혀가 유연하지 않기 때문이다.[r]발음은 크게 두 가지가 있는데, 단어 앞에 나오는 [r]과 단어 뒤에 나오는 [r]로 구분한다.

단어 앞에 오는 [r]은 입술을 약간 내미는 순간 혀가 뒤로 들어갔다 나오면서 '라'처럼 소리 난다. 이때 혀가 입천장에는 닿지 않는다. 혀뿌리를 뒤쪽으로 당기면서 '얼얼' 하며 강아지가 짖는 흉내를 내보자. 혀뿌리 당기는 연습을 하면 앞의 [r]을 쉽게 발음하는 데 도움이 된다. 단어 뒤에 나오는 [r]을 발음할 때도 혀뿌리를 목젖 쪽으로 끌어당기며 '얼'이라고 발음하면 된다.

단어 앞에 나오는 [r]		단어 뒤에 나오는 [r]	
rice	밥	air	공기, 항공사
right	오른쪽	overhead bin	머리 위 선반
recommend	추천하다	for	~을 위하여
return	돌아가다	make sure	확실히 하다
refer	참고하다	store	보관하다
release	풀다	your	당신의
red	빨간	morning	아침
remind	상기시키다	entire	전체의
regulation	규칙	board	탑승한
regarding	~에 관하여	member	회원
regret	유감이다	serve	제공하다
remain	계속 ~이다	turn off	끄다
front	앞쪽	interfere	방해하다
refrain from	~을 삼가다	transfer	갈아타다
hour	시간	further	추가의

2) [l]발음

[r]은 혀가 구강 뒤쪽으로 부드럽게 움직이며 말리는 반면, [l]발음은 상대적으로 힘이 들어간다. [l]발음은 위치에 따라 두 종류로 나뉘는데, 단어 앞쪽에 나오는 [l]과 단어 뒤쪽에 나오는 [l]로 구분해서 발음하면 된다.

'light' 단어 앞의 [l]발음은 먼저 혀끝을 윗니 바로 뒤쪽(치경)에 붙인다. 그리고 성대를 울리면서 '라' 하며 혀를 입 밖으로 내보내며 발음한다. 뒤의 [l]발음은 앞의 [l]과 반대로 혀끝이 윗니 바로 뒤쪽(치경)을 향해 올라가면서 발음된다.

단어 앞에 나오는 [l]		단어 뒤에 나오는 [l]	
light	등	all	모두
flight	비행	meal	식사
life vest	구명복	fall	떨어지다
please	제발	will	~일 것이다
limited	한정된	gel	젤
ladies	숙녀	navigational	항해의
like	좋아하다	fill out	작성하다
located	위치한	until	~(때)까지
liquid	액체성의	mobile phone	휴대폰
close	닫다	call	부르다
collect	모으다	smile	미소 짓다
landing	착륙	golf club	골프채
alliance	동맹, 연합	milk	우유
turbulence	난기류	careful	조심하는
leave	떠나다	seal	봉인하다

2. p와 f

[p]는 양 입술을 다물고 숨을 멈추었다가 갑자기 입술을 열어 세게 숨을 내보 낸다. 이때 숨이 입술과 마찰하면서 나는 소리이다.[p]발음은 무성음 즉 소리가 없는 음으로 성대는 진동하지 않는다.

[f]는 윗니로 아랫입술을 가볍게 물고 발음한다. 가볍게 물었던 입술과 이 사 이에서 숨을 내면 마찰음이 나오는데 이 상태에서 소리를 내지 않으면 무성음 인 [f]가 되고, 소리를 내면 [v]가 된다. 윗니로 아랫입술을 댈 때 강하게 물어서 는 안 된다.

[p]		[f]	
passenger	승객	flight	비행
please	제발	fasten	단단히 잠그다
put	넣다	safety	안전
prepare	준비하다	a few	조금
preparation	준비	information	정보
pocket	주머니	duty-free	면세의
purchase	구입하다	take-off	이륙
product	생산물	phone	전화기
portion	구간	after	~후에
proceed	진행하다	aircraft	항공기
point	지점	turn off	전원을 끄다
boarding pass	탑승권	if	만약
permitted	허락된	offer	제공하다
provide	제공하다	inform	알리다

3. b와 v

　[b]발음은 [p]발음과 같은 위치와 방법으로 발음되지만 성대를 진동시키는 유성음이며 우리말의 'ㅂ'발음을 성대 깊숙이 울리면서 내리는 소리이다.[b]는 [p]만큼 파열하지는 않는다.

　우리는 [b]와 [v]발음을 혼동하는 경우가 자주 있는데, 호흡 방법과 발음 위치에서부터 [b]와 [v]는 큰 차이가 있다. 예를 들어 [v]는 호흡이 마찰되고 [b]는 호흡이 파열되는 것이다. [b]는 양 입술을 통해 소리가 만들어지고 [v]는 입술과 치아를 통해서 소리가 만들어진다. [v]발음은 윗니를 아랫입술에 살짝 대고 성대를 울리며 [(으)브~] 하고 호흡을 내보내며 발음한다. [브] 하고 발음할 때 아랫입술에 살짝 진동이 느껴진다.

[b]		[v]	
board	탑승의	video	비디오
bound	~로 가는(~행의)	have	가지고 있다
before	~하기 전에	device	장치
bottle	병	leave	떠나다, 출발하다
baggage	수하물, 짐	provide	제공하다

4. th

[θ], [ð]를 [s], [z]처럼 발음하지 않도록 유의하여야 한다. 예를 들면, I think 가 [I sink]로, Thank you가 [sank you]나 [땡큐]로 발음되지 않도록 유의하여 발음한다.

[θ]는 입을 조금 벌리고 혀끝을 가볍게 물고 숨을 세차게 내면 혀끝과 이 사이에서 마찰이 일어나 [θ]소리가 나온다. 실제에서는 숨을 내보내는 동시에 혀끝을 끌어당긴다. 윗니와 아랫니 사이에 혀끝이 입술 밖으로 살짝 나오도록 놓는다. 혀끝을 가볍게 물고 숨을 내고 그 다음에 숨을 내보내는 동시에 혀를 안으로 넣으며 [스~] 하는 바람소리를 낸다.

[ð]는 [θ]발음 방법과 같지만 유성음이라는 점이 다르다. [d]발음과 혼동하는 수도 있는데, [d]는 혀를 잇몸에 대고 발음하는 폐쇄음이고, [ð]는 설치음으로 이로 혀끝을 가볍게 물었다가 숨을 강하게 내보낼 때 나는 마찰음이다. 윗니와 아랫니 사이로 혀끝을 살짝 내밀고 호흡을 내보내며 [(으)드] 하는 소리를 내듯이 발음한다. 혀끝을 윗니에 살짝 대고 호흡이 빠져나갈 때 성대를 울리며 [드~] 하고 혀를 집어넣는 것이다.

[θ]		[ð]	
Thank you	감사합니다	this/that	이/저
through	~을 통하여	the	그
ten thousand	10,000	weather	날씨
health	건강	with	~와 함께
airport authority	공항 당국	without	~없이
throughout	도처에	further	더

5. 연음

1) 자음으로 끝나는 말 뒤에 모음이 오는 경우 연결해서 발음한다.

자음 + 모음의 연음	
take ⌢ off	이륙하다
turn ⌢ off	전원을 끄다
welcome ⌢ aboard	탑승을 환영하다
this flight ⌢ is	이 비행편은
on behalf ⌢ of	~을 대표하여
fill ⌢ out	작성하다
in ⌢ order to	~을 하기 위하여
Ladies ⌢ and gentlemen	승객 여러분
have ⌢ your passport ~	여권을 ~시키다
nose ⌢ and mouth	코와 입

2) [t]가 우리말의 [ㄹ]처럼 부드럽게 발음된다.

water, bottle 등 [t]가 우리말의 [ㄹ]음과 비슷한 음(이것을 탄음(flap) [t]라고 한다)으로 변하는 경우가 있다. 이런 현상은 [t] 앞에 강세가 있고 [t] 다음에 모음 또는 [l], [m], [n]음이 있을 때 자주 일어난다.

탄음 [t]는 [t]와 비교하면 혀끝이 닿는 잇몸의 위치가 약간 뒤쪽이다. 그러나 혀의 위치보다는 혀끝을 잇몸에 살짝 댄다는 것에 주의하는 게 좋다.

' ㄹ '처럼 부드럽게 발음되는 [t]	
seated	착석한
permitted	허락된
bottle	병
appreciated	고마워하는
catalogue	목록, 카탈로그
duty-free	면세의
citizen	시민
item	물품
capital	수도, 자금, 대문자
photograph	사진

[모음+t]가 말끝에 있을 때는 다음에 오는 단어가 모음으로 시작하면 [t]는 탄음으로 된다. 이때는 한 단어처럼 발음한다.

[모음+t] +[모음] = 한 단어처럼 발음	
at ⌒ all times	항상
put ⌒ it ⌒on	그것을 입다
not ⌒ at ⌒all	전혀
at ⌒ any ⌒time	언제든지

3) 혀의 위치가 같은 자음이 연속하면 하나의 음으로 발음한다.

보통 첫 자음보다 다음 자음을 발음하는 것이 보통이다.

혀의 위치가 같은 자음의 연속	
with the aircraft	항공기로
towed to	~로 견인되는
proceed to	~로 나아가는
required to	~하도록 요구되어지는

4) 자음이 연속될 때 한쪽 자음이 탈락된다.

don't mind가 [doun main]으로 발음되는 것처럼 자음이 연속될 때 어느 한쪽의 자음이 탈락하는 경우가 있다. 빨리 말하면 할수록 많이 탈락한다. 또한 탈락하지 않는 것까지도 탈락한 듯한 인상을 주거나 그 음이 길어지거나 한다. 어떤 자음이 어떤 상황에서 탈락하는지 간단히 설명할 순 없지만 자주 탈락하는 자음으로는 [p, k, b, d, g]가 있다.

자음의 연속 = 한쪽 자음 탈락	
make sure	확실하게 하다
would like to	~하고 싶다
seat belt	좌석벨트
seat back	좌석 등받이
next flight	다음 비행편
fruit basket	과일 바구니
short flight time	짧은 비행시간
leg-rest	발받침
bound for	~를 향하는
handset	(전화의) 수화기
cards	카드들

5) 관사 the의 발음

일반적으로 관사는 강조하여 발음하지 않고 약하게 발음하면 된다. the를 발음할 때 유의할 점은 자음 앞에서는 [ðə]로 발음하나 다음에 오는 단어가 모음으로 발음이 시작되면 the는 [ði]로 발음한다. 방송문에 이런 경우가 많으므로 발음에 실수하지 않도록 하여야 한다.

the는 모음 앞에서는 [ði]	
the aircraft	항공기
in the overhead bins	선반 속에
in the emergency evacuation	비상 탈출 시에
the illuminated emergency lights	켜진 비상등
the order form	주문서
the instructions	지시, 명령
the introduction	도입, 유입
the animal and plant quarantine	동식물 검역소
the arrival card	도착 신고서
the entry card	입국 신고서
the equivalent	동등한, 상응하는
the incoming passenger card	입국 신고서
to the upright position	원위치로

6) 축약

문어적인 방송문을 실제 읽을 때는 구어적으로 축약하여 발음하는 것이 더 자연스럽다. 그러나 'be going to'를 [ganə], 'want to'를 [wanə], 'got to'를 [gatə] 처럼 발음하지 않도록 주의해야 하며, 축약하여 읽는 기내 방송문의 예는 아래와 같다.

원형	축약형
We will be taking off shortly	We'll be taking off shortly
We have just landed at ~	We've just landed at ~
We would like to thank you for ~	We'd like to thank you for ~
I would like to ~	I'd like to ~
There are 8 exits ~	There're 8 exits ~
That is ~	That's ~
~ who has ~	~ who's ~

6. s

기내 방송문을 읽는 도중 종종 복수형, 동사의 3인칭 단수형, 소유격의 '~s'를 생략하며 읽는 경우를 볼 수 있다. 대수롭지 않게 빠뜨릴 수도 있지만 듣고 있는 외국인 승객의 입장에서는 아주 어색하게 들릴 수 있으므로 빠뜨리고 읽지 않도록 주의해야 한다.

[s]의 발음은 4가지로 발음될 수 있다.[p, t, k] 등의 무성음 다음에 s가 오면 [s]발음이 나고, [b, d, g, l, m, n, ŋ, r] 등의 유성음 다음에 s가 오면 [z]발음, [s] 와 유사한 음(s, z, ʃ, ʒ, ʧ, ʤ) 뒤에는 살짝 [i]발음을 집어넣는데, [i]가 유성음 이므로 뒤에 [z]가 삽입되어 [iz]발음이 된다.

[t] 다음에 [s]가 오는 경우가 제일 발음하기 어렵다. 대충 [츠]라고 발음하는 경우가 있는데 영어에는 '츠'라는 발음이 없다. 먼저 [t]에서 공기를 막아주는 척하고 가볍게 [s]발음을 해주어야 한다. 우리가 발음하는 것보다 가벼운 '츠'[ts]처럼 소리가 나게 하면 된다.

복수형 및 3인칭 단수의 '~s'	
mobile phones[founz]	휴대폰
electronic devices[iz]	전자제품
overhead bins[z]	머리 위 선반
life vests[ts]	구명복
lavatories[iz]	기내 화장실
airlines[z]	항공사
exits[ts]	비상구
lights[ts]	등
passengers[z]	승객
at all times[z]	항상
cabin crew members[s]	객실승무원
items[z]	물품
check cards[z]	체크카드
dairy products[ts]	유제품
customs[z]	세관
fines[z]	벌금
entry documents[ts]	입국서류
minutes[ts]	분
details[z]	세부사항
movies[z]	영화
2 hours[z]	2시간
drinks[s]	음료

7. 약어, 인명, 지명의 발음

1) KBS, MBC, SBS, CD, JFK, UN과 같이 머리글자로 이루어진 약어는 마지막 글자를 강하게 발음한다.

2) New York, Los Angeles, San Francisco, Hong Kong 등 지명도 마지막 말을

강하게 발음한다.

3) Captain Kim, Miss. Park, Prof. Lee, President Obama, Yuna Kim 등 인명에 경칭, 직함 등을 붙일 때도 뒤 말을 가장 강하게 발음한다.

8. 편명, 숫자 읽기

1) 편명을 읽을 때는 숫자를 한 자씩 읽어준다.

편명	올바른 발음	잘못된 발음
937편	flight nine-three-seven	flight nine hundred thirty seven(×)
017편	flight zero[zirou]-one-seven	flight seventeen(×)
202편	flight two-o[ou]-two	flight two hundred two(×)

※ 편명의 숫자 '0'은 'zero[zirou]' 또는 'o[ou]'라고 발음하면 된다.

2) 숫자 읽기(월, 일, 요일, 시, 분)

항공기가 목적지 공항에 도착하기 전 객실승무원은 기내 방송을 통해 목적지 국가 및 도시의 정확한 날짜 및 현지 시각을 승객들에게 알려주고 있다. 기장의 방송, Air Show상의 시각 등과 일치된 정확한 시간관련 정보 전달을 위해 방송을 실시하기 전 정확한 월, 일 및 시각을 파악하는 것이 중요하다.

또한 월, 일 및 시각에 대한 영어 표현을 평소 잘 숙지하여 실시간으로 실시되는 방송에서 자유자재로 사용할 수 있도록 평소에 잘 익혀두는 것이 필요하며, 실제 방송에서 실수하는 일이 없도록 하여야겠다. 예를 들어 '10월 31일, 금요일, 오전 8시 30분'의 경우 'eight thirty a.m. on Friday, October thirty first'라고 해야 한다. 월, 일, 요일, 시간을 읽는 방법은 아래 표와 같다.

① 월(month) 읽기

월(月)	
1월 January	7월 July
2월 February	8월 August
3월 March	9월 September
4월 April	10월 October
5월 May	11월 November
6월 June	12월 December

② 일(date) 읽기

월(月, month) 다음에 오는 일(日, date)은 보통 서수로 읽는다.

일(日)	
1일 first	12일 twelfth[twélfθ]
2일 second	13일 thirteenth[θə́:rtí:nθ]
3일 third	20일 twentieth[twéntiiθ]
4일 fourth	21일 twenty first[twenti fɜ́:rst]
5일 fifth	22일 twenty second[twenti sékənd]
6일 sixth	23일 twenty third[twenti θɜ́:rd]
7일 seventh	24일 twenty fourth[twenti fɔ́:rθ]
10일 tenth	30일 thirtieth [θə́:rtiiθ]
11일 eleventh	31일 thirty first[θɜ́:rti fɜ́:rst]

③ 요일(day) 읽기

요일 앞에는 항상 전치사 'on'을 붙여야 한다.

요일
월요일 Monday
화요일 Tuesday
수요일 Wednesday
목요일 Thursday
금요일 Friday
토요일 Saturday
일요일 Sunday

④ 시(time), 분(minute) 읽기

오전은 'a.m. 또는 in the morning', 오후는 'p.m. 또는 in the afternoon', 저녁에 도착하는 경우 'p.m. 또는 in the evening'으로 표현하고 매 시간 정시에 대한 표현을 쓰고자 할 때는 'o'clock', 낮 12시를 표현할 때는 '12 p.m. 또는 12 noon [twelve noon]'으로 표현해도 무방하다.

시(time), 분(minute) 읽기
오전 10시 30분 : ten thirty a.m / in the morning
오후 4시 55분 : four fifty-five p.m. / in the afternoon
(정각) 오전 7시 : 7 a.m. / 7 o'clock in the morning
(정각) 저녁 9시 : 9 p.m. / 9 o'clock in the evening
낮 12시 : 12 p.m. / 12 noon

9. 띄어 읽기

기내 방송문이 긴 경우 적당하게 끊어 읽는 것이 필요하며 끊어 읽을 있는 것의 가장 기본이 되는 기준은 '의미 단위'라고 할 수 있다. 문장 내에서 가장 큰 의미 단위는 무엇보다 '주어+동사'로 이루어진 [절]이며, 먼저 [절]을 하나의 단락으로 하여 끊어 읽는 것이 가장 보편적이다.

그 다음으로 [절]보다 작은 의미 단위는 [구]이다. 구는 보통 'in the cabin'과 같은 [장소]나 'at all times', 'during the flight'에서처럼 [때]를 나타내는 경우가 많으며 [전치사+명사]형으로 된 것이 많다. 기내 방송문 내에서 띄어 읽기의 예는 아래와 같다.

띄어 읽기
• Before our departure, / please make sure / that your seat back is in the upright position / and seat tables are closed.//
• If there is anything / we can do for you, / please let us know.//
• Ladies and gentlemen, / in a few minutes, / we'll begin our sales of duty-free items.//

10 악센트와 인터네이션

우리말은 보통 같은 속도와 강세로 말하는 데 비해 영어는 강하고 느리게 발음하는 말이 있고 약하고 빠르게 발음하는 말도 있다. 영어에서 보통 강하게 발음하는 말과 그렇지 않은 말을 예로 들면 다음과 같다.

강하게 발음하는 말		약하게 발음하는 말	
명사	seat belt, instructions	관사	the, a(an)
동사	need, return, thank	전치사	to, of, in, for
형용사	fastened, closed, ready	인칭대명사	you, we, it, them
부사	strongly, securely, just	관계대명사	that, which
지시사	this, that	접속사	and, but, that
의문사	when, what	조동사	will, may, can, would

동사는 보통 강하게 발음하지만 부사와 함께 쓰여 하나의 의미를 나타낼 경
우에는 부사가 강하게 발음된다.

동사 + 부사
we'll be taking off shortly
The captain has turned off the seat sign
put out the cigarettes
push back
fill out
put the vest on
lift up the cover
pull the mask toward you
by looking through the instruction card
must be switched off
should not be switched on

제 **6** 장

이륙 전 방송

이륙 전 방송

1. 항공사 기내 방송 순서

항공사에 따라 기내 방송을 실시하는 순서는 조금씩 다를 수 있으나 대부분의 항공사는 다음과 같은 기내 방송 순서에 따라서 방송을 실시하고 있다.

1) 국내선 기내 방송 순서

순서	기내 방송의 종류		시점
①	탑승편 및 수하물 안내	Flight No. & baggage securing	승객 탑승 시
②	비상구 안전모드 변경	Door Check (Changing Slide Mode)	승객 착석 후
③	승객 환영	Welcome	Slide Mode 변경 후
④	승객 안전 브리핑 (안전시범)	Passenger safety briefing (Safety Demonstration)	항공기 taxing 중

순서	기내 방송의 종류		시점
⑤	이륙	Take-off	기장의 이륙 허가 사인 직후
⑥	좌석벨트착용 표시등 꺼짐 방송	Seat belt sign off	순항고도 진입 후 belt sign off 후
⑦	통신 판매	In-flight mail order	컵 회수 후
⑧	Unicef 모금 안내	Change for good	착륙 준비 전
⑨	공항 접근	Approaching (10,000ft sign on)	착륙을 위한 belt sign on 직후
⑩	착륙	Landing	항공기의 Landing Gear 내린 직후
⑪	승객 환송	Farewell	착륙 후 taxing 중
⑫	비상구 안전모드 변경	Door Check (Changing Slide Mode)	항공기 정지 후 belt sign off 직후
⑬	하기	Deplane	Door open 직후

2) 국제선 기내 방송 순서

순서	기내 방송		시점
①	탑승편 및 수하물 안내	Flight No. & baggage securing	승객 탑승 시
②	비상구 안전모드 변경	Door Check (Changing Slide Mode)	승객 착석 후
③	승객 환영	Welcome	Slide Mode 변경 후
④	승객 안전 브리핑 (안전시범)	Passenger safety briefing (Safety Demonstration)	항공기 taxing 중
⑤	비상구 주변 승객 안내	Notice for emergency exits	안전 브리핑 실시 후
⑥	이륙	Take-off	기장의 이륙 허가 사인 직후

순서	기내 방송		시점
⑦	좌석벨트착용 표시등 꺼짐 방송	Seat belt sign off	순항고도 진입 후 belt sign off 후
⑧	승무원 소개 및 서비스 계획	Service Plan	이륙 후
⑨	면세품 판매 안내	Duty-free Sales	식사 서비스 종료 후
⑩	영화 상영 안내	Movie Showing	서류 서비스 종료 후
⑪	Wake-up	Wake-up	2차 서비스 실시 전
⑫	입국서류작성 안내	Documentation	2차 서비스 실시 후 (또는 면세품 판매 후)
⑬	헤드폰 수거 안내	Headphone Collection	착륙 약 30분 전
⑭	공항 접근	Approaching (10,000ft sign on)	착륙을 위한 belt sign on 직후
⑮	환승 안내	Transit	10,000ft sign on 방송에 이어 방송
⑯	착륙	Landing	항공기의 Landing Gear 내린 직후
⑰	승객 환송	Farewell	착륙 후 항공기 taxing 중
⑱	비상구 안전모드 변경	Door Check (Changing Slide Mode)	항공기 정지 후 belt sign off 직후
⑲	하기	Deplane	Door open 직후

※ 13번과 14번의 경우 항공사에 따라 순서를 바꾸어 실시하기도 한다.

2. 탑승편 및 수하물 안내(Flight No. & Baggage Securing)

안내 말씀 드리겠습니다.

이 비행기는 (　　를 경유하여) (　　)까지 가는 (　　)항공 (　　) 편입니다.

출발 전 탑승 편수를 다시 한 번 확인해 주시기 바랍니다.

가지고 계신 짐들은 머리 위 선반 속에 보관해 주시고, 깨지기 쉬운 물건 등은 앞좌석 아래에 보관해 주시기 바랍니다. 선반을 여실 때는 먼저 넣은 물건이 떨어지지 않도록 유의해 주시기 바랍니다.

감사합니다.

Ladies and gentlemen.

This is flight (　　) bound for (　　), (code sharing with (　　) Airlines).

Please verify your flight number.

This is a reminder that all your baggage must be stored in the overhead bins and fragile items must be put under the seat in front of you.

Also, please be cautious when opening the overhead bins as the contents may fall out.

Thank you.

▶ 탑승편 안내 방송은 객실사무장이 하는 방송으로 지상에서 승객이 탑승할 때 실시한다.

▶ 승객들 중에는 가끔 항공기에 잘못 탑승하는 경우가 발생하기도 한다. 이러한 상황을 미연에 방지하기 위해 승객들에게 탑승한 비행편에 대한 정보를 정확히 전달하는 것을 목적으로 하며 잘못 탑승한 승객 발생 시 즉시 하기 조치하도록 한다.

▶ 아울러 승객들이 기내에 가지고 탑승하는 물품들에 대한 보관방법을 알려주는 방송으로 활용된다.

▶ 승무원들은 담당 구역에 위치하여 승객들의 착석과 수하물 보관을 도와준다. 승객들을 처음 맞는 시점으로 항상 미소를 유지하며 환영하는 마음가짐으로 승객들을 맞이해야 한다.

안:내 말:씀 드리겠습니다.//[↘]

이 비행기는 (　　　를 경유하여) (　　　)까지 가는 / (　　　)항:공 (　　　)
편입니다.//[↘]

출발 전 탑승[탑씅] 편수를 / 다시 한 번 확인해[하기내, ×] 주시기 바랍니다.//[↘]

가지고 계:신 짐들은 머리 위 선반 속에[쏘:게] 보:관해 주시고, / 깨지기
쉬운 물건 등은 앞좌:석 아래에 보:관해 주시기 바랍니다.//[↘]

선반을 여:실 때는 먼저 넣은 물건이 떨어지지 않도록 / 유의[이]해 주시기
바랍니다.//[↘]

감:사합니다.//[↘]

- 어수선한 기내 상황에서 하는 방송으로 주의를 끌 수 있도록 자신감 있는
  목소리로 방송한다.
- 방송이 빨라지지 않도록 하며 명확하게 발음한다.
- 장단음, 띄어 읽기에 유의한다.
- 문장의 끝을 흐리면 정성이 없어 보이므로 끝까지 발음하며, 안정된 마무
  리를 위해 말끝은 [도]음으로 내리고 목소리를 낮춘다.[↘]
- 편명은 숫자를 하나씩 읽어주고, 편명의 마지막 숫자와 '편입니다'는 한
  단어처럼 연음해서 읽는다.
  예) [943편입니다] = [구 사 삼편임니다]
- 확인해 : [하기내](×), [화긴해](o), 이중모음 발음에 유의, '해'의 'ㅎ'발음이
  'o'으로 발음되지 않도록 유의
- 보관 : [보:간](×), [보:관](o), 이중모음 유의
- 좌석 : [자:석](×), [좌:석](o), 이중모음 유의
- 유의해 : [유이해](o), 첫음절에 오지 않는 '의'는 [이]로 발음됨에 유의
- 감사합니다 : [감[:]사함다](×), [감[:]사함니다](o)

Ladies[léidiz]⌢and gentlemen[dʒéntlmən].//

This is flight[flait] (　　　) bound for (　　　), / (code[koʊd] sharing with (　　　) Airlines).//

Please verify[vérifai] your flight number.//

This is a reminder / that all your baggage must be stored in the[ə i] overhead bins[binz] / and fragile[frǽdʒl] items must be put / under the seat[siːt, 씨-ㅅ] in front of you.//

Also, / please be cautious[kɔːʃəs] when opening the[ði] overhead bins[binz] / as⌢the contents[kάːntents] may fall⌢out.//

Thank[θæŋk]⌢you.//

- 구로 된 문장은 연음에 유의하여 자연스럽게 발음한다.
  예) bound for, must be stored, in the overhead bins, in front of, fall out 등
- flight : [f]와 [l]발음이 붙어 있어서 발음하기 어려우나 각각의 자음을 정확히 할 수 있도록 충분히 연습한다.
- bound, code의 [d]는 약하게 발음
- verify : 확인하다 : [v]와 [f]의 발음에 유의
- reminder [rimάində(r)] : 상기시켜 주는 것
- fragile [frǽdʒl] : 부서지기 쉬운
- seat [siːt] : 좌석, [씨-ㅅ]
- items : [아이템즈]가 아니라 [아이텀즈] 또는 [아이럼즈]에 가깝게 발음
- in front of에서 [t]는 약하게 발음
- bins : 복수형은 's'를 생략하여 발음하지 않는다.
- contents : 내용물 : [콘텐츠]가 아니라 [칸ː텐츠]로 발음한다.
- 모음 앞의 the는 [ði]
- Thank[θæŋk] you : [땡큐] 또는 [sank you]로 발음되지 않도록 유의

3. Door Close

손님 여러분, 우리 비행기는 곧 출발하겠습니다.

좌석에 앉으셔서 좌석벨트 착용상태를 다시 한 번 확인해 주시기 바랍니다.

Ladies and gentlemen.

We will be departing immediately.

please remain seated and fasten your seat belt.

※ 객실사무장의 Door Slide Mode 변경 방송의 예

- 방송시점 : Main Door Close 직후

Cabin Manager 방송 멘트	Door Station별 Duty Crew 보고
전 승무원 Door Side Stand By L Side Slide Check R Side Slide Check	Number 1(one) Clear Number 2(two) Clear

---

※ Slide Mode 변경(B737 Door)

1. 팽창 위치(Armed Position, 비행위치 Flight Mode)

 - Door 및 Hook에 걸려 있는 Girt Bar를 바닥에 있는 금속막대(Bracket) 양쪽에 건다.
 - Door에 부착된 Red Strap을 Small Window에 사선으로 위치시킨다.
 - L 및 R Side에 위치한 승무원은 상호 간 Cross 체크 후 객실장에게 보고한다.

2. 정상 위치(Disarmed Position, 지상위치 Ground Mode)

 - 객실바닥 Bracket에 걸려 있는 Girt Bar를 Door 밑 Hook으로 위치 변경한다.
 - Door에 부착된 Red Strap을 Cross 위치에서 수평으로 위치 변경한다.
 - L 및 R Side에 위치한 승무원은 상호 간 Cross 체크 후 객실장에게 보고한다.

손님 여러분, / 우리 비행기는 곧 출발하겠습니다.//[↘]

좌:석에 앉으셔서 / 좌:석벨트 착용상태를 다시 한 번 / 확인해 주시기 바랍니다.[↘]//

- 비행기 : [비앵기](×), 자음 'ㅎ'의 음가를 충분히 내도록 한다.
- 좌석 : [ㅘ]의 정확한 발음을 위해 입모양을 조금 크게 한다.
- [확인해] 발음에 유의 : [하기내](×), [화긴해](o)
- 끝은 자연스럽게 '도'음으로 내려 방송한다.

Ladies[léidiz]⌒and gentlemen[dʒéntlmən]. /

We will be departing shortly[ʃɔ́:rtli].//

Please remain[riméin] seated[sí:tid] / and fasten[fǽsn] your seat belt.//

- Ladies[léidiz]⌒and는 자연스럽게 연음시킨다.
- We will : We'll로 축약하여 발음(Contraction)
- depart[dɪpá:rt] : 출발하다. daparting의 [t]는 약하게 발음한다.
- shortly[ʃɔ́:rtli] : 즉시, 곧, [ly] 앞의 [t]는 약하게 발음
- remain[riméin] : 계속 ~하다
- seated[sí:tid] : 앉아 있는, [시티드]
 ※ [시릿]으로 발음할 경우 - [t]를 [ㄹ]처럼 부드럽게 발음하되 혀는 [t]를
    발음할 때와 같은 위치여야 한다.
- remain seated : 앉아 있다
- fasten[fǽsn] : 착용하다, 조여 매다. [t]는 묵음, [f애스튼](×), [f애슨]

4. 환영(Welcome)

손님 여러분, 안녕하십니까?

(　　　)까지 가는 (　　　)항공 (　　　)편에 탑승해 주셔서 대단히 감사합니다.

이 비행기의 기장은 (　　　)이며, 저는 객실승무원 (　　　)입니다.

목적지 (　　　)까지의 비행시간은 이륙 후 약 (　　)시간 (　　)분으로 예정하고 있으며, 자세한 비행 정보는 이륙 후 기장의 안내가 있을 예정입니다.

안전을 위해 좌석벨트를 매셨는지 다시 한 번 확인해 주시고, 좌석 등받이와 테이블은 제자리로 해주십시오.

쾌적하고 안전한 항공 여행을 위하여 (　　　)항공에서는 전 노선 전 좌석 금연을 실시하고 있으니 화장실과 기내에서 금연하여 주시기 바랍니다.

또한, 이착륙 시에는 휴대전화를 포함한 모든 전자제품의 전원을 꺼주시기 바랍니다.

저희 승무원들은 손님들의 안전하고 쾌적한 여행을 위하여 (　　　)까지 최선을 다해 모실 것을 약속드립니다. 비행 중 도움이 필요하시면 언제든지 저희 승무원을 불러주십시오.

감사합니다.

※ 승객 탑승 시 환영인사 및 좌석안내

• 객실 전방에서 Welcome 인사를 하는 승무원은 항공권 소지 여부와 좌석번호 등을 즉각적으로 확인하여 원활한 탑승이 이루어질 수 있도록 한다.

• 어린이나 노약자, 거동이 불편한 승객은 적극적으로 도움을 준다.

• 비상구 좌석에 앉은 승객에게는 비상구 좌석에 대한 브리핑을 하고 이상이 있을 경우 사무장에게 보고하여 조치하도록 한다.

• 만일의 경우를 대비하여 비상구 주변에 수하물이 방치되지 않도록 유의하며, 탑승이 완료되면 Overhead Compartment를 닫는다.

Good morning (afternoon, evening), ladies and gentlemen.

Welcome on board (   ) Airlines flight (   ) bound for (도시명:).

The captain of this flight is (   ) and this is (   ) speaking.

Our flight time to (도시명:) will be about (   ) hour(s) and (   ) minute(s)

following take off. More flight information will be provided by our captain after

take off.

For your safety, please make sure that your seat belt is securely fastened, your seat

back is in the upright position and tray table is stowed.

Smoking in the cabin and lavatories is prohibited at all times during the flight for

your safe and pleasant air travel.

Also, mobile phones and other portable electronic devices can cause interference

with our aircraft navigational systems. They must be turned off during take-off and landing.

We promise that our entire crew members will do our best to offer an excellent

in-flight service.

If there is anything we can do for you, please let us know.

Thank you.

※ 승객 탑승 시 대화

• 안녕하십니까? 어서 오십시오.

  Good morning ma'am. Welcome aboard.

• 손님, 탑승권 좀 보여주시겠습니까?

  May I see your boarding pass, sir?

• 이쪽 통로로 들어가십시오.

  Please take this aisle.

• 짐은 머리 위 선반 속이나 좌석 아래에 보관해 주시겠습니까?

  Would you please put your bag in the overhead bin or under the seat?

손님 여러분, / 안녕하십니까?//[↗] 또는 [↘]

(   )까지 가는 (   )항:공 / (   )편에 탑승해 주셔서 대단히 감:
사합니다.//[↘]

이 비행기의 기장은 (   )이며, / 저는 객실승무원 (   )입니다.//[↘]

목적지 (   )까지의[에] 비행시간은 / 이륙 후: 약 (   )시간 (   )분으
로 예:정하고 있으며, / 자세한 비행 정보는 이륙 후: / 기장의[에] 안:내가
있을 예:정입니다.//[↘]

안전을 위해 좌:석벨트를 매:셨는지 / 다시 한 번 확인해 주시고, / 좌:석
등받이와 테이블은 제자리로 해:주십시오.//[↘]

쾌적하고 안전한 항:공 여행을 위하여[해] (   ) 항:공에서는 / 전 노선
전 좌:석 금:연을 실시하고 있으니 / 화장실과 기내에서 금:연하여[해] 주시
기 바랍니다.//[↘]

또한, / 이:착륙 시에는 / 휴대전화를 포함한 모:든 전:자제:품의[에] 전:원
을 / 꺼주시기 바랍니다.//[↘]

저희 승무원들은 / 손님들의[에] 안전하고 쾌적한 여행을 위하여[해] /
(   )까지 최선을 다:해 모:실 것을 약속드립니다.//[↘]

비행 중 도움이 필요하시면 언:제든지 / 저희 승무원을 불러주십시오.//[↘]
감:사합니다.//[↘]

※ 승객 탑승 시 서비스
1. 탑승편 안내 방송
2. 승객 좌석안내
3. 수하물 보관 Assist
4. 비상구 주변 승객에 대한 협조 요청
5. 신문 및 잡지 서비스
 - 신문은 승객이 탑승 시 직접 집어가도록 Serving Cart에 신문의 제호가 보이도록 준비한다.
 - 신문의 양이 부족하거나 찾는 신문이 없을 경우 승객의 의향을 물어 다른 승객이 보신 신문을 수거하여 깨끗한 상태로 재서비스한다.

- Welcome 방송의 분위기에 따라 비행의 분위기가 달라질 수 있음을 명심하여, 밝고 명랑한 목소리로 활기찬 방송이 되도록 한다.
- 안정된 방송을 위해 방송이 빨라지지 않도록 유의하며 장음은 충분히 천천히 발음하도록 한다.
  예) 항:공, 예:정, 금:연, 전:원, 언:제든지, 안:내, 좌:석, 금:연, 이:착륙, 감:사
- 기장이나 승무원의 이름은 한 자 한 자씩 또박또박 천천히 읽음으로써 강조한다.
  예) 이∨현∨수∨이며, 김∨현∨줍니다.
- 객실승무원 : [객실성무원](×), [객실승무원](o)
- 조사의 [의]는 [에]로 발음한다.
  예) 손님들의[에] 안전, 모든 전자제품의[에] 전원
- 언제든지 : [언:제던지](×), [언:제든지](o)
  ※ 언제든지를 발음할 때 [언]은 정성을 담아 조금 더 길게 발음한다.
- 자음 'ㅎ'의 음가가 [o]으로 발음되지 않도록 유의한다.
  예) 대단히, 비행기, 금연해, 저희

> ※ 비상구 착석 불가 승객
> • 15세 미만이거나 동반자의 도움 없이 탈출구 여는 동작을 할 수 없는 승객
> • 글 혹은 그림의 형태로 제공된 비상 탈출에 대한 지시를 읽고 이해하지 못하거나
> • 승무원의 구두 지시를 이해하지 못하는 승객
> • 다른 승객에게 정보를 적절하게 전달할 수 있는 능력이 부족한 승객
> • 일반적 보청기를 제외한 다른 청력 보조장비 없이는 승무원의 탈출 지시를 듣고 이해할 수 없는 승객
> • 비상구열 좌석 규정을 준수할 의사가 없는 승객

Good morning(afternoon, evening), ladies[léidiz]⌢and gentlemen[dʒéntlmən].//
Welcome on⌢board[bɔːrd] / (   ) Airlines flight (   ) / bound⌢for (도시명:).//
The captain of this flight is / (   ) / and this is (   ) speaking.//
Our flight time to (도시명:) / will⌢be about (   ) hour(s) and (   )
minute(s) / following take⌢off.// More flight information will⌢be provided
/ by our captain after take⌢off.//
For your safety, / please make⌢sure / that your seat belt is securely
fastened[fǽsnd], / your seat back is in the[ð i] upright[ʌ́praɪt] position /
and tray table is⌢closed.//
Smoking in the cabin and lavatories[lǽvətɔːriz] / is prohibited[prouhíbitid] at⌢
all⌢times during the flight / for⌢your⌢safe and pleasant[pléznt] air travel.//
Also, / mobile[moʊbl, məʊbaɪl] phones and other portable[pɔːrtəbl]
electronic[ilektrɑːnɪk] devices[dɪvɑ́ɪsiz] / can cause interference[ɪntərfírəns] with
our aircraft navigational[nævigéiʃnəl] systems.// They must be turned off
/ during take-off and landing.//
We promise[prɑ́ːmɪs] that our entire[ɪntɑ́ɪə(r)] crew members / will do our
best / to offer an excellent in-flight service.//

If there⌢is anything we can do for you, / please let⌢us⌢know.//
Thank[θæŋk]⌢you.//

- 연음에 유의 : on⌢board, take⌢off, make⌢sure
- flight 701 = flight seven zero one 또는 seven o[ou] one
- New York[jɔ́ːrk] : 두 단어로 된 도시이름은 주로 뒤에 강세가 온다.
  예) Los Angeles[lɔːs-ǽndʒələs], San Francisco[sæn-frənsískou]
  Las Vegas[lɑːs-véigəs], Seattle[siǽtl]
- securely : 안전하게, [시**큐**얼리]로 발음
- Smoking : [스모킹]보다는 [스모낑]에 가깝게 발음
- lavatories[lǽvətɔːriz] : [**래**vㅓ토리즈]
- prohibited[prouhíbitid] : 금지된 [프로우**히**비티드]
- portable[pɔ́ːrtəbl] : 휴대용의
- electronic[ilektrɑ́ːnik] devices[dɪváisiz] : 전자제품[일렉추**라**닉 디**바**이시즈]
- mobile[moʊbl] phones [fóunz] : 휴대전화[모우블 폰즈]로 발음

  ※ mobile은 종종 영국식으로도 발음된다.[məʊbaɪl]
- cause[kɔːz] : 야기하다, 초래하다
- interference[ɪntərfírəns] : 간섭, 교란
- navigational[nævigéiʃnəl] : 항공의, 항해의[내vɪ**게이**셔널]로 읽는다. [v]를
  정확하게 발음
- entire[intáiə(r)] : 전체의, [엔타이r](×), [인**타**이어r](○)
- crew[kruː] : 승무원[크루-]로 발음

※ 기내 화재 유형
- Class A : 기내 린넨, 잡지, 가방 등
- Class B : Oven 내의 누적된 기름, 아세톤, 기타 가연성 액체
- Class C : Coffee maker, 냉장고, Oven, 압축 쓰레기통 등 전자장비

5. 승객 안전 브리핑(Passenger Safety Briefing)

손님 여러분, 이 비행기의 비상용 장비와 비상구 이용방법에 대해 안내 말씀 드리겠습니다.

Ladies and gentlemen, we would like to inform you of the safety features of this aircraft.

비상 탈출을 해야 할 경우, 여러분께서 사용할 비상구는 앞에 2개, 중간에 2개, 뒤에 2개가 있습니다.

In case of an emergency evacuation, there are
 * B737 : 2 forward doors, 2 overwing exits, 2 exit doors in the back of the cabin.
 * B767, B747 : emergency exits on both sides of the aircraft.

비상착륙을 했을 때는 모든 불이 꺼지는 경우가 있으며, 이때는 자동적으로 켜지는 복도와 선반 위의 비상등을 따라 탈출해 주십시오.

In an emergency situation, emergency lights located in the ceiling and the aisles will be turned on automatically to guide you to the exits.

참고로 여러분의 좌석에서 가장 가까운 비상구 위치를 확인하시기 바랍니다.

Please take a moment to identify the nearest exits from your seat.

지금부터 좌석벨트를 매셨는지 확인해 주십시오. 벨트는 먼저 양쪽 고리를 끼우신 다음, 몸에 맞도록 조여주시고, 풀 때는 위 뚜껑을 들어 당겨주십시오.

To fasten your seatbelt, please insert the metal tong into the buckle and tighten the belt by pulling down the loose end.

To release your seat belt, lift up the metal cover.

비행기의 여압장치 이상으로 인해 기내에 산소 공급이 필요할 때는 머리 위 선반 속에 있는 산소마스크가 자동적으로 내려옵니다.

If the cabin pressure is interrupted due to any reason, an overhead panel will be opened automatically and exposing oxygen masks.

이때는 마스크를 앞으로 잡아당겨 호흡을 몇 번 하신 다음, 끈을 머리에 맞게 조여주십시오.

When your mask appears, pull the mask toward you and cover your nose and mouth with the mask. Then adjust the head band to fit your head.

지금 보시는 것은 좌석 밑에 있는 구명복이며, 바다에 내렸을 경우 사용하도록 준비되어 있습니다.

In preparation for emergency ditching, a life vest is stored under your seat.

구명복을 착용하실 때는 머리 위에서부터 입으시고 끈을 허리에 감으신 다음, 앞에 있는 고리에 끼워 조여주십시오.

To put the vest on, slip it over your head. Take the strap, put it around your waist and fasten. Tighten your vest by pulling down the strap.

앞에 있는 손잡이를 당기시면 부풀어지며, 충분히 부풀지 않을 때는 고무관을 불어주십시오.

Your life vest can be inflated by pulling down the two red knobs or by blowing into the tubes on each side of the vest.

구명복은 탈출 직전 문 앞에서 부풀려주십시오.

Inflate the vest just before you are ready to exit the aircraft.

좌석 앞 주머니 속에 있는 비상장비와 비상탈출에 관한 자세한 사용안내서를 반드시 읽고 참고하시기 바랍니다. 감사합니다.

Please take a moment to review the safety features by looking through the safety briefing card located in your front seat pocket. Thank you.

손님 여러분, /[↘]

이 비행기의[에] 비:상용 장비와 / 비:상구 이:용방법에 대해 안:내 말:씀 드리겠습니다.//[↘]

Ladies[léidiz] and gentlemen[dʒéntlmən], / we would‿like‿to inform you / of the safety features[fíːtʃə(r)z] of‿this‿aircraft.//

비:상 탈출을 해야 할 경우, / 여러분께서 사용할 비:상구는 / 앞에 2:개[두:개], / 중간에 2:개[두:개], / 뒤에 2:개[두:개]가 있습니다.//[↘]

(※ 방송 Duty는 Demonstration하는 속도에 맞추어 방송 속도를 조절하는 요령이 필요하다.)

In case of an emergency[imɜ́ːrdʒənsi] evacuation[ivæ̀kjuéiʃən], / there are

* B737 : 2 forward doors, / 2 overwing exits[éksits], / 2 exit[éksit] doors in the back of‿the‿cabin.//

* B767, B747 : emergency exits[éksits] / on both‿sides[사이ㅈ] of‿the[ði]‿aircraft.//

비:상착륙을 했을 때는 모:든 불이 꺼지는 경우가 있으며, / 이때는 자동적으로 켜지는 복도와 선반 위의[에] 비:상등을 따라 탈출해 주십시오.//[↘]

In an emergency[-씨] situation, / emergency lights[-ㅊ] located in the[ði] aisles[아일ㅈ] and the ceiling[씰링] / will‿be turned‿on automatically[ɔ́ːtəmǽtikəli] / to guide‿you to‿the[ði]‿exits[엑시ㅊ].//

참고로 여러분의[에] 좌:석[좌:-]에서 가장 가까운 비:상구 위치를 / 확인[화긴]하시기 바랍니다.//[↘]

Please take a moment / to identify[aɪdéntɪfaɪ] the nearest exits[엑시ㅊ] from your seat[siːt].//

지금부터 좌:석벨트를 매:셨는지 확인해 주십시오.//[↘]

벨트는 먼저 양쪽 고리를 끼우신 다음, / 몸에 맞도록 조여주시고, / 풀 때는 위 뚜껑을 들어 당겨주십시오.//[↘]

To fasten[fǽsn] your seat belt, / please insert[insɜ́ːrt] the metal[métl] tong

into⌒the⌒buckle / and tighten[táitn] the bel<u>t</u> by⌒pulling⌒down the loose⌒en<u>d</u>.//
To release your sea<u>t</u> bel<u>t</u>, / lif<u>t</u>⌒up the metal[métl] cover.//

비행기의[에] 여:압장치 이상으로 인해 기내에 산소 공급이 필요할 때는 / 머리 위 선반 속에 있는 산소마스크가 자동적으로 내려옵니다.//[↘]
If the cabin pressure[préʃə(r)] is interrupted[intərʌ́ptid] / due to any reason, / an overhea<u>d</u> panel will be opened automatically / and exposing [ikspóuziŋ] oxygen[á:ksidʒən] masks[매슥s].//

이때는 마스크를 앞으로 잡아당겨 / **호흡**을 몇 번 하신 다음, / 끈을 머리에 맞게 조여주십시오.//[↘]
When your mask[mæsk] appear<u>s</u>, / pull⌒the⌒mask[mæsk] toward[təwɔ́:rd]⌒you / and cover⌒your⌒nose⌒and⌒mouth with⌒the⌒mask[mæsk].//
Then adjust[ədʒʌ́st] the head ban<u>d</u> to fit your hea<u>d</u>.//

지금 보시는 것은 좌:석 밑에[미테] 있는 구:명복이며, / 바다에 내렸을 경우 사용하도록 준비되어[돼] 있습니다.//[↘]
In⌒preparation[prepəréiʃn]⌒for emergency ditching[딛칭, 비상착수], / a li<u>f</u>e <u>v</u>est is store<u>d</u> under your sea<u>t</u>.//
   (※ 방송 Duty는 Demonstration하는 속도에 맞추어 방송 속도를 조절하는 요령이 필요하다.)

구명복을 착용하실 때는 머리 위에서부터 입으시고 / 끈을 허리에 감으신 다음, / 앞에 있는 고리에 끼워 조여주십시오.//[↘]
To put the <u>v</u>est⌒on, / slip⌒it over⌒your⌒hea<u>d</u>.//
Ta<u>ke</u> the strap[stræp, 끈], / put⌒it⌒around your waist and fasten[fǽsn].//
Tighten[táitn] your ves<u>t</u> by pulling down the stra<u>p</u>[stræp].//

앞에 있는 손잡이를 당기시면 부풀어지며, / 충분히 부풀지 않을 때는 고무관[관]을 불어주십시오.//[↘]

Your life vest can be inflated[infléitid] / by pulling down the two red knobs[nɑ:bs, 손잡이] / or by blowing into⌒the⌒tubes[tu:bz] / on⌒each⌒side of ⌒the⌒vest.//

구명복은 탈출 직전 / 문 앞에서 부풀려주십시오.//[↘]

Inflate the vest / just before you are ready⌒to exit⌒the[ði] ⌒aircraft.//

좌석 앞 주머니 속:에 있는 비:상장비와 / 비:상 탈출에 관한 자세한 사:용안:내서를 / 반드시 읽고[일꼬] 참고하시기 바랍니다.//[↘]
감:사합니다.//[↘]

Please take a moment to review[rɪvju:] the safety features[fí:tʃə(r)z] / by looking through[θru:] the safety briefing[brí:fɪŋ] card / located in your front seat[si:t] pocket[pɑ́:kit, 파:킷].//

Thank[θæŋk]⌒you.//

※ 비상 탈출 요령 - 준비된 비상 착륙

: 비상 착륙에 있어 승무원 상호 간의 의사소통과 협의가 가장 중요하다.

1) 객실장과 기장의 브리핑

2) 객실장과 객실승무원의 브리핑

3) 승객 브리핑

4) 서비스용품 회수

5) 승객 탈출 점검

6) 승객 휴대품 보관상태 점검

7) 충격 방지 자세 설명 및 시험

8) 충격 방지 자세 점검

9) 탈출구 위치 확인

10) 승객 Safety Information Card 내용 확인

11) 협조자 선정 및 브리핑

12) 좌석 재배치

13) 충격 방지 자세(어린이, 유아, 임산부)

14) 객실/Galley 점검

15) 최종 객실 점검

16) 객실승무원의 충격 방지 자세

- 비행 안전에 관한 승객 브리핑 방송으로 승객의 주의를 끌 수 있도록 안정감 있는 목소리로 또박또박 정확하게 방송한다.
- 승무원의 Demonstration 동작과 함께하는 방송으로 너무 빠르지 않게 방송한다.
- [ㅎ]이 [ㅇ]으로 발음되지 않도록 정확하게 발음한다.
  예) 확인, 호흡
- 경음화되지 않도록 유의한다.
  예) 참고 : [참꼬](×), 간단한 : [간딴한](×)
- features[fíːtʃə(r)] : 특징[피-추어ㄹ]로 발음
- emergency[imɜ́ːrdʒənsi] : 비상(사태)[이**멀**전스](×), [이**멀**전시](o)
- evacuation[ivækjuéiʃən] : 탈출 [이**v**ㅐ큐**에**이션]
- overwing : 날개 위의
- exit[éksit] : 비상구, 출구, 복수형 exits[**엑**시츠]
- side[said] : 쪽, 면, 복수형 sides는 [사이드즈]로 하지 않고 [사잇즈]에 가깝게 발음
- aisle[ail] : 복도, 통로[아이즐](×), [아일](o), 복수형 aisles[아일즈]
- identify[aɪdéntifai]: 확인하다.[아이**덴**티f아이]
- metal[métl] : 금속[메탈](×), [메를]에 가깝게 발음
  그러나 [-를] 하면서 혀의 위치는 [t]발음할 때와 같은 위치에 와야 한다.
- pressure[préʃə(r)] : 압력
- interrupt[ìntərʌ́pt] : 방해하다
- expose[ikspóuz] : 드러내다
- oxygen[áːksidʒən] : 산소[옥시전](×), [아ːㄱ씨전](o)
- mask[mæsk] : 마스크[마스크](×), [매스크](o), 복수형 masks[매슥s]처럼 빠르게 발음
- toward[təwɔ́ːrd] : ~쪽으로
- adjust[ədʒʌ́st] : 조절하다[어드**저**스트](×), [엇**저**스트](o)
- preparation[prepəréiʃn]: 준비, 강세 및 발음에 주의[프레퍼**레**이션]
- ditching[ditʃiŋ] : 비상착수
- pocket[pɑ́ːkit] : 주머니[포켓](×), [파ː킷](o)

6. 비상구 주변 승객 안내(Notice For Emergency Exits)

손님 여러분께 안내 말씀 드리겠습니다.

비상시 비상구 옆에 계신 손님은 승무원의 안내에 따라 다른 손님들의 탈출을 도와주시기 바랍니다.

자세한 내용은 비상장비와 비상 탈출에 관한 안내서를 참고해 주시기 바랍니다.

감사합니다.

Ladies and gentlemen.

In case of an emergency, passengers assigned in an emergency exit row will be required to assist other passengers' evacuation following the instructions of our cabin crew.

For more details, please refer to the passenger safety briefing cards in your front seat pocket.

Thank you.

※ 비상구 착석 승객 협조 요청

• 손님, 실례합니다.

손님께서는 지금 비상구 주변 좌석에 앉아 계십니다. 비상시 저희 승무원의 지시에 따라 다른 승객들의 탈출을 도와주셔야 합니다.

비상 탈출에 관한 자세한 사항은 비상 탈출 안내서를 참고하시기 바랍니다.

• Excuse me, sir.

You are now sitting in an emergency exit row.

Could you help the other passengers' evacuation following the instructions of our cabin crew?

For more information, please refer to the safety instruction card.

손님 여러분께 안:내 말씀 드리겠습니다.//[↘]

비:상시 비:상구 옆에 계:신 손님은 / 승무원의[에] 안:내에 따라 / 다른 손님들의[에] 탈출을 도와주시기 바랍니다.//[↘]

자세한 내용은 / 비:상장비와 비:상 탈출에 관한 안:내서를 / 참고해 주시기 바랍니다.//[↘]

감:사합니다.//[↘]

• 승무원 : [성무원](×), [승무원](○)

• 장단음에 유의

• 이중모음에 유의

예) 관한

Ladies[léidiz]⌒and gentlemen[dʒéntlmən].//

In⌒case⌒of⌒an emergency[imɜ́:rdʒənsi][-씨], / passengers[pǽsindʒə(r)z] assigned[əsáind] in an emergency exit[**엑**씻] row[로-] / will be required to / assist other passengers' evacuation[이v ㅐ 큐에이션] / following the[ði] instructions[instrʌ́kʃnz] of our cabin crew.//

For more details[**디**-테일즈], / please refer[rifə́:r]⌒to the passenger safety briefing cards / in your front seat pocket[pɑ́:kɪt].//

Thank[θǽŋk]⌒you.//

- passenger[pǽsindʒə(r)] : 승객
- assigned[əsáind] : 배정된
- required to : [-ed]는 거의 생략되듯이 약하게 발음. [리콰이얼드 투]가 아니라 [리콰이얼 투]처럼 발음
- instructions[instrʌ́kʃnz] : 설명, 지시[인·추러덕·션즈](×), [인·스추럭·션즈](○)
- details[díːteilz] : 세부사항. [디**테일**z]가 아니라 [**디**-테일z]
- refer to : 참조하다. [리**퍼**r] 강세에 유의

7. 이륙(Take-off)

손님 여러분, 저희 비행기는 곧 이륙하겠습니다.
좌석벨트 착용상태를 다시 한 번 확인해 주시기 바랍니다.
감사합니다.

Ladies and gentlemen.
We will be taking off shortly.
Please make sure that your seat belt is securely fastened.
Thank you.

※ **이륙 전 안전 점검사항**
- 객실 및 Galley 내의 유동물질을 고정시킨다.
  (Overhead bin, Cart, Compartment, Curtain)
- 화장실 내의 시설물 고정 및 점검
- 객실 조명 조절
  : 객실의 상황에 따라 조절이 가능하며 주로 사무장이 조절한다.
  - Full bright : 승객의 탑승 및 하기, 식사 서비스
  - Dim : 이륙 전, 착륙 전, 장거리 비행 시 휴식 후 2nd 서비스 시작 전
  - Off : 승객 휴식 및 영화 상영
- 승무원 착석 : 승무원은 구역별로 배전된 좌석에 착석, Shoulder Harness
  를 착용하고, 'Critical11'을 대비하여 '30 Seconds Review'를 실시한다.
- 30 Seconds Review
  : 항공기 이·착륙 시에 만일의 비상사태를 가상하여 자신이 취할 행동
  을 30초 동안 머릿속으로 액션 시나리오를 가상하여 Review하는 것
  - 충격 방지 자세의 명령(Brace for Impact) 비상시 승객의 위험을 최소
    화하기 위해 머리와 몸을 숙이는 자세를 취한다.
  - 승객 통제(Passenger control)
  - 판단 및 조정(Judgement & Coordination) : 비상구 개방, 비상장비 위치, 협조자
  - 대피(Evacuation) : 비상구 개방 후 승객 탈출 요령

손님 여러분, /

저희 비행기는 곧 이:륙하겠습니다[이:류카겠습니다].//[↘]

좌:석벨트 착용상태를 / 다시 한 번 확인해 주시기 바랍니다.//[↘]

감:사합니다.//[↘]

- 이륙 직전 객실사무장이 하는 방송
- '손님 여러분'을 너무 빠르게 하여 무성의한 방송이 되지 않도록 한다.
- 장단음을 구분하여 발음
  예) 이:륙, 좌:석
- 이중모음에 유의
  예) 좌:석, 확:인

Ladies[léidiz]⌒and gentlemen[dʒéntlmən]. /

We will be taking⌒off shortly[ʃɔ:rtli].//

Please make⌒sure / that your seat belt is securely⌒fastened[fǽsnd].//

Thank[θæŋk]⌒you.//

- We'll be : 축약하여 발음하거나 [We will be]로 할 경우 각 단어를 정확히 읽는다.
- taking off : 이륙하다. off에 강세
- shortly[ʃɔ:rtli] : 즉시, 곧, [ly] 앞의 [t]는 약하게 발음
- securely : 안전하게[시**큐**얼리]

제 7 장

이륙 후 방송(1)

이륙 후 방송(1)

1. 좌석벨트 착용 표시등 꺼짐(Seatbelt Sign Off)

손님 여러분, 방금 좌석벨트 표시 등이 꺼졌습니다.

그러나 비행 중에는 기류변화로 비행기가 갑자기 흔들리는 경우가 있으니 안전한 비행을 위하여 자리에 앉아 계실 때나 주무시는 동안에는 항상 좌석벨트를 매고 계시기 바랍니다.

그리고 선반을 여실 때는 안에 있는 물건이 떨어지지 않도록 조심해 주십시오.

좌석 앞 주머니 속의 기내지를 참고하시면 비행 중 사용할 수 있는 전자제품, 상용고객우대제도 회원 가입 등에 대한 자세한 비행 정보를 얻으실 수 있습니다.

또한 여러분의 건강하고 쾌적한 여행을 위하여 기내체조 비디오가 준비되어 있습니다. 개인 모니터를 통해 비행 중 언제든지 보실 수 있으니 많은 이용 바랍니다.

감사합니다.

Ladies and gentlemen.

The seat belt sign has been turned off, but in case of any sudden turbulence, we strongly recommend you keep your seat belt fastened during the entire flight.

Please be careful when you open the overhead bins as the contents may fall out.

Also, we provide you the information about electronic devices available on this flight and our frequent flyer program which offers a wide range of benefits through the in-flight magazine in your front seat pocket.

For your comfort, we would present a stretching video available on the in-flight entertainment system from now on. You can use a stretching video at any time through the personal monitor during the flight.

Please enjoy your flight.

Thank you.

손님 여러분, /

방금 좌:석벨트 표시등이 꺼졌습니다.//[↘]

그러나 비행 중에는 기류변:화로 / 비행기가 갑자기 흔들리는 경우가 있으니 / 안전한 비행을 위하여[해] 자리에 앉아 계:실 때나 주무시는 동안에는 / 항상 좌:석벨트를 매:고 계:시기 바랍니다.//[↘]

그리고 선반을 여:실 때는 / 안에 있는 물건이 떨어지지 않도록 / 조:심해 주십시오.//[↘]

좌:석 앞 주머니 속:의[에] 기내지를 참고하시면 / 비행 중 사용할 수 있는 전:자제:품, / 상용고객우대제:도 회:원 가입 등에 대한 / 자세한 비행 정보를 얻으실 수 있습니다.//[↘]

또한, / 여러분의[에] 건:강하고 쾌적한 여행을 위하여[위해] / 기내체조 비디오가 준:비되어[돼] 있습니다.//[↘]

개인 모니터를 통해 비행 중 언:제든지 보실 수 있으니 / 많:은 이:용 바랍니다.//[↘]

- 이중모음에 주의 : 좌석, 변화, 회원, 쾌적한
- 장단음에 유의
  예) 좌:석, 변:화, 계:실, 매:고, 여:실, 조:심, 속:의, 전:자, 제:품, 제:도, 회:원,
  건:강, 준:비, 언:제든지, 많:은, 이:용
- 언:제든지 : [언:제던지](×), [언:제든지](o)

※ **전자기기 사용 금지**
- 기내 사용 금지 품목 : 휴대용 전화기, 송수신 기능의 무선기, 무선 조종
  장난감, 휴대용 TV, AM/FM Radio
- 이착륙 시 금지 품목 : CD Player, 디지털 카세트테이프 Player, 게임기,
  개인용 컴퓨터, 비디오 레코더

Ladies[léidiz]⌢and gentlemen[dʒéntlmən]. /

The seat belt sign has been turned off, / but in case of any sudden turbulence, /
we⌢strongly[strɔ́:ŋli] recommend[rekəménd]⌢you / keep⌢your⌢seat⌢belt⌢fastened
/ during the[ði] entire[intáiə(r)] flight. //

Please be careful / when you open the[ði] overhead bins[빈즈] / as the contents[칸:텐츠]
may fall⌢out. //

Also, / we provide⌢you the[ði] information about electronic devices[diváisiz] / available
on this flight / and our frequent flyer program / which offers a wide range of
benefits / through the[ði] in-flight magazine / in your front seat pocket[pá:kit]. //

For your comfort[kʌ́mfərt], / we would present[prizént] a stretching video / available
on the[ði] in-flight entertainment[entərtéinmənt] system[시스템] from now on. //

You can use a stretching video at⌢any⌢time / through the personal monitor[mánitə(r)]
during the flight. //

Please enjoy your flight.//

Thank[θæŋk]‿you.//

- turbulence[t**3**:rbjələns] : 난기류
  - strongly[strɔ́:ŋli] : 강하게
- recomm**e**nd[rekəm**é**nd]‿you : 연음
- flight[fláit] : [프라이트](×), [f을라잇](o)
- fall out : 떨어지다, out에 강세
- electronic[ilektrá:nik] devices[diváisiz] : 전자제품
- available[əvéiləbl] : 이용할 수 있는, [-v-]발음에 유의
  - frequent[fri:kwənt] : 잦은, 빈번한, [-fr-]발음에 유의
  - which[witʃ] : [휘치](×), [위치](o)
  - range[reindʒ] : 범위
  - benefits[bénifit] : 혜택, [**베**니피츠]
  - magazine[mǽgəzi:n] : 잡지
  - entertainment[entərtéinmənt] : 오락
  - system[sistəm] : [시스템](×), [시스텀](o)
  - monitor[má:nitə(r)] : [모**니**터](×), [**마**:니터r]

2. 서비스 계획(Service Plan)

손님 여러분, 안녕하십니까? 캐빈 매니저 (   )입니다.

이 비행기에는 손님 여러분의 안전하고 쾌적한 여행을 위해 저와 (   )명의 객실승무원이 탑승하고 있으며, 목적지인 (   )까지 최선을 다해 정성껏 모실 것을 약속드립니다.

잠시 후 음료와 (   ) 식사를 준비해 드리겠습니다.

식사 서비스 후에는 면세품 판매를 시작할 예정입니다.

지금부터 최신 영화, 음악, 컴퓨터 게임 등을 즐기실 수 있으며, 영화는 2시간 10분마다 다시 보실 수 있습니다.

또한, 도착 2시간 30분 전 음료와 (   ) 식사를 제공해 드리겠습니다.

도움이 필요하시면 언제든지 저희 승무원에게 말씀해 주십시오.

편안하고 즐거운 여행되시기 바랍니다.

감사합니다.

Ladies and gentlemen.

This is your cabin manager (   ) speaking.

For your comfort and safety, there are (   ) cabin crew members on board today.

In a few moments, we will be serving you drinks and (   ).

Following the meal service, the sale of duty free items will begin.

From now on, you can enjoy the latest movies, music and computer games through the audio and video system. The movies will be replayed every 2 hours and 10 minutes.

Also, (   ) will be provided 2 hours and 30 minutes prior to landing.

If you need any help, please let us know. Please sit back, relax and enjoy your flight.

Thank you.

손님 여러분, 안녕하십니까?//[↘]

캐빈 매니저 (   )입니다.//[↘]

이 비행기에는 손님 여러분의[에] 안전하고 쾌적한 여행을 위해 / 저와 (   )

명의[에] 객실승무원이 탑승하고 있으며, / 목적지인 (   )까지 최선을

다해 정성껏 모실 것을 약속드립니다.//[↘]

잠시 후: 음료와 (   )-식사를 준:비해 드리겠습니다.//

식사 서비스 후:에는 / 면:세품 판매를 시작할 예:정입니다.//[↘]

지금부터 최:신 영화, / 음악, / 컴퓨터 게임 등을 즐기실 수 있으며, / 영

화는 2:시간 10분마다 다시 보실 수 있습니다.//

또한, / 도:착 2:시간 30분 전 / 음료와 (   ) 식사를 제공해 드리겠습니다.//[↘]

도움이 필요하시면[피료하시면] 언:제든지 / 저희 승무원에게 말:씀해 주십시오.//[↘]

편안하고 즐거운 여행되시기 바랍니다.//[↘]

감:사합니다.//[↘]

- 승무원 소개 및 해당 비행의 서비스 계획에 관한 방송
- 사무장이 자신의 이름을 말하므로 더욱 성의 있고 정성스럽게 방송한다.
- 딱딱한 문어체로 방송하기보다는 자연스럽고 말하듯이 방송한다.
  예) '-입니다' 앞에 오는 이름이 모음이면 'ㅂ'을 모음 아래로 당겨서 방송
  한다.
  [김현주입니다] → [김현줍니다]
- 탑승 : [탑썽](×), [탑씅](○)
- 언제든지 : [언:제던지](×), [언:제든지](○)
- 이중모음에 유의 : 쾌적한, 승무원, 최:선, 영화, 되시길
- [편안하고], [최선을 대해], [정성을 다해] 등은 승무원의 감정을 느낄 수 있
  도록 방송한다.

Ladies[léidiz]⌢and gentlemen[dʒéntlmən]./

This is your cabin manager / (   ) speaking.//

For your comfort[kʌ́mfərt] and safety, there⌢are (   ) cabin crew members on⌢board today.//

In a few moments, we will be serving you drinks and (   ).//

Following the meal[mi:l] service[sɜ́:rvis], the sale of duty free items[áitəmz] will begin.//

From now on, you can enjoy the latest movies, music and computer games through the[ði] audio and video system. The movies will be replayed every 2 hours and 10 minutes.//

Also, (   ) will be provided 2 hours and 30 minutes prior⌢to landing.//

If you need any help, please let us know.

Please sit⌢back, relax and enjoy your flight.//

Thank[θæŋk]⌢you.//

- manager[mǽnidʒə(r)] : [매**니**저](×), [**매**니저](o), 강세에 유의
- speaking[spí:kiŋ] : [스**피**-킹]보다는 [스**피**-낑]에 가깝게 발음
- items[áitəmz] : [아이템즈]가 아니라 [아이텀즈] 또는 [아이럼즈]에 가깝게 발음
- latest[léitist] : 최근의
- prior[práiə(r)] to : ~에 앞서, 먼저
- relax[rilǽks] : 휴식을 취하다
- sit[sit]과 seat[si:t]을 구분하여 발음

3. 면세품 판매: 일반(Duty-free Sales: General)

손님 여러분,

잠시 후, 면세품 판매를 시작할 예정입니다. 저희 기내에는 다양한 종류의 물품이 준비되어 있으니 구입을 원하시는 손님께서는 판매대가 지나갈 때 구입하시거나 면세품 주문서를 작성하신 후 저희 승무원에게 말씀하여 주십시오.

면세품을 인터넷을 통해 예약 주문하신 후 결재를 마치신 분께서는 저희 승무원에게 말씀해 주시고 귀국편에 물품 구입을 원하시는 손님께서는 좌석 앞 주머니 속의 면세품 사전주문서를 작성하신 후 저희 승무원에게 전달해 주시기 바랍니다.

죄송하오나 결재 시에는 체크카드는 사용하실 수 없으니 양해를 부탁드립니다.

참고로, 기내에서 물품 구입 시 사용하실 수 있는 화폐로는 한국 원, 미국 달러, 유로화이며, 면세품을 포함한 해외 구매물품의 총 허용량은 미화 400불입니다.

아울러 한국 입국 시 총 면세품 허용량은 술 1병, 향수 60ml, 담배 1보루입니다.

감사합니다.

Ladies and gentlemen,

We announce that we will begin the sale of duty-free items.

We have a variety of duty-free items on board today.

If you would like to purchase any duty-free items, please let us know as the duty free sales cart passes by your seat.

Or you can fill out the duty-free order form in your seat pocket and hand it to one of our cabin crew.

We are sorry to inform you that debit cards and check cards are not accepted for payment.

For your information, we only accept Korean won, US dollar and Euro.

Travellers are only allowed to bring goods into Korea valued at a total price of under 400 dollars including duty free items.

The duty free allowances for Korea are (one) liter of liquor, (60) milliliters of perfume and (one) carton of cigarettes. Thank you.

손님 여러분,/

잠시 후:, 면:세품 판매를 시작할 예:정입니다.//[↘]

저희 기내에는 다양한 종류의[에] 물품이 준:비되어[돼] 있으니 / 구입을 원: 하시는 손님께서는 판매대가 지나갈 때 구입하시거나 / 면:세품 주문서를 작성하신 후: / 저희 승무원에게 말:씀하여[해] 주십시오.//[↘]

면:세품을 인터넷을 통해 예:약 주:문하신 후: 결재[결째]를 마치신 분께서 는 / 저희 승무원에게 말:씀해 주시고, / 귀:국편에 물품 구입을 원:하시는 손님께서는 / 좌:석 앞 주머니 속:의[에] 면:세품 사:전 주:문서를 작성하신 후: / 저희 승무원에게 전달해 주시기 바랍니다.//[↘]

죄:송하오나, 결재 시에는 / 체크카드는 사용하실 수 없으니 양해를 부탁 드립니다.//[↘]

참고로, / 기내에서 물품 구입 시 사용하실 수 있는 화:폐로는 한국 원, / 미국 달러, / 유로화이며, / 면:세품을 포함한 해외 구매물품의[에] 총 허용 량은 미화 400불입니다.//[↘]

아울러 한:국 입국 시 총 면:세품 허용량은 술 1[한]병, / 향수 60ml[육십밀리 리터], / 담배 1[한]보루입니다. 감:사합니다.//[↘]

- [ㅎ]발음이 생략되지 않도록 유의
  예) 저희, 말씀해, 양해
- 장단음에 유의
  예) 좌:석, 속:의, 안:내, 면:세품, 예:정, 예:약, 사:전, 주:문, 후:, 원:하시는,
      화:폐, 한:국, 감:사
- 문어체 문장은 구어체로 바꾸어 방송한다.
  예) 준:비되어 → [준비돼], 말씀하여 → [말씀해], [한 보루입니다] → [한 보
      룹니다]
- 조사의 [의]는 [에]로 발음한다.
  예) 종류의[에] , 주머니 속의[에] , 물품의[에]
- 달러 : [딸라](×)

Ladies[léidiz]⌢and gentlemen[dʒéntlmən]. /

We announce that we will begin the sale of duty-free items. //

We have a variety of duty-free items on board today. //

If you⌢would[you'd] like to purchase[pɜ́:rtʃəs] any duty-free items, / please
let⌢us⌢know as the duty free sales cart passes by your seat. //

Or, / you can fill⌢out the duty-free order[ɔ́:rdə(r)] form / in your seat
pocket[pɑ́:kit] / and hand it to one of our cabin crew. //

We are sorry to inform you / that debit cards and check cards are not
accepted for payment[péimənt, 지불]. //

For your information, / we only accept[əksépt] Korean won, / US dollar[dɑ́:lə(r)]
/ and Euro[júrou]. //

Travellers are only allowed to bring goods into Korea / valued at a total
price of under 400 dollars including duty free items. //

The duty free allowances for Korea are / (one) liter of liquor, / (60) milliliters
of perfume[pərfjú:m] / and (one) carton[kɑ́:rtn] of cigarettes[sígərets]. //

Thank[θæŋk]⌢you. //

※ 대한민국 입국 시 면세 허용량

- 주류 : 750ml를 초과하지 않는 술 1병
- 담배 : 1보루(Carton)
- 향수 : 2온스(=60ml)

  단, 만 19세 미만에게는 주류, 담배 면세 제외
- 선물 : 1인당 $400

  (승무원은 1인당 $100, 주류 반입 금지)
- 출국 시 면세물품 구입 한도 : 1인당 $3,000

- you would like to = you'd like to : 축약형으로 읽거나, 축약하지 않을 경우 you would like to는 [유d 라익 투]처럼 또박또박 발음한다.
- purchase[pɜːrtʃəs] : 구입하다[퍼r체이스](×), [퍼r처스](o)
- 연음에 유의 : on⌢board, fill⌢out
- order form : 주문서
- 복수형 -s를 생략하지 않도록 유의하여 발음한다.

  예) items, sales, passes, cards, Travellers, dollars, allowances, milliliters
- debit cards : 직불카드
- check cards : 체크카드
- dollar[dáːlə(r)] : [딸라](×)로 발음하지 않도록 유의
- value[vǽljuː] : (가치, 가격)로 평가하다
- allowance[əláuəns] : 허용량[얼라우언스], 복수형 allowances[əláuənsiz]
- carton[káːrtn] : 곽, 상자, [카r톤](×)
- cigarette[sígəret] 담배, 복수형 cigarettes[sígərets], 발음에 유의

  ※ a carton of cigarettes : 담배 한 보루
- crew[kruː] : 승무원[크루-]로 발음

※ 일본 입국 시 면세 허용량

• 주류 : 750ml를 초가하지 않는 술 3병

• 담배 : 3보루(Carton) (자국민의 경우 2보루)

• 담배 및 주류는 20세 이상 승객에게만 면세 허용

　단, 6~19세의 승객은 세금 지불 후 통관 가능

4. 면세품 판매: 단거리(Duty-free Sales: Short Distance)

손님 여러분께 안내 말씀 드리겠습니다.
(   )까지 비행시간이 짧아 도착 (30)분 전, 착륙 준비를 위하여 면세품 판매를 중단할 예정입니다.
구입을 원하시는 손님께서는 면세품 주문서를 작성하여 주시고, 주문서를 작성하실 때 여권번호와 생년월일을 반드시 적어주시기 바랍니다.
죄송하오나 체크카드로는 면세품을 구입하실 수 없으니 양해하여 주시기 바랍니다.
인터넷으로 면세품 주문과 결재를 마치신 분께서는 저희 승무원에게 말씀해 주십시오.
감사합니다.

Ladies and gentlemen.
We hope you understand that we will be closing our duty-free sales in (30) minutes prior to landing.
If you would like to purchase any duty-free items, please fill out the order form.
We would like to remind you that you write down your passport number and your birth date on the form.
We are very sorry to inform you that we don't accept check cards.
If there is any passenger who have ordered and already paid for the duty free items, please let our cabin crew know.
Thank you.

손님 여러분께 안:내 말:씀 드리겠습니다.//[↘]
(   )까지 비행시간이 짧아 도:착 (30)분 전, / 착륙 준:비를 위하여[해]
면:세품 판매를 중단할 예:정입니다.//[↘]

구입을 원하시는 손님께서는 면:세품 주:문서를 작성하여[해] 주시고, / 주:문서를 작성하실 때 여:권[여:꿘]번호와 생년월일을 반드시 적어주시기 바랍니다.//[↘]

죄:송하오나 체크카드로는 면:세품을 구입하실 수 없:으니 / 양해하여[해] 주시기 바랍니다.//[↘]

인터넷으로 면:세품 주:문과 결재를 마치신 분께서는 / 저희 승무원에게 말:씀하여[해] 주십시오.//[↘]

감:사합니다.

- 자음 'ㅎ' 발음이 생략되지 않도록 유의
  예) 저희, 말씀해, 양해해
- 장단음에 유의
  예) 안:내, 말:씀, 면:세품, 도:착, 준:비, 예:정, 주:문, 죄:송, 감:사
- 문어체 문장은 구어체로 바꾸어 방송
  예) 위하여→ [위해], 작성하여 → [작성해], 양해하여→ [양해해], 말씀하여
    → [말씀해]
- 이중모음에 유의
  예) 죄송하오나[제:송하오나](×), 여권[여:꿘](o)

Ladies[léidiz]⌒and gentlemen[dʒéntlmən]. /

We hope⌒you understand / that we will[we'll] be closing our duty-free sale<u>s</u> in (30) minute<u>s</u> prior⌒to⌒landing.

If you would like to[you'd like to] purchase[pɜːrtʃəs] any duty-free item<u>s</u>, / please fill⌒ou<u>t</u> the[ði] order form.//

We⌒would like to[We'd like to] remind⌒you / that you write⌒down your passpor<u>t</u> number and your birth date on the form.//

We are very sorry to inform[infɔ́:rm]⌒you / that we don't accept check cards.//
If there⌒is[there's] any passenger / who have ordered and already[ɔːlrédi]⌒
paid⌒for the duty free items, / please let our cabin crew know.//
Thank[θæŋk]⌒you.//

- we will, you would like to는 we'll 또는 you'd like to로 축약해 발음하거나 각 단어의 음가를 또박또박 발음한다.
- items[áitəmz] : [아이템즈]가 아니라 [아이텀즈] 또는 [아이럼즈]에 가깝게 발음
- purchase[pɜ:rtʃəs] : 구입하다[퍼r체이스](×), [퍼r처스](o)
- fill out : 기입하다, 작성하다
- inform[infɔ́:rm]: 알리다, 통지하다
- 복수형 -s를 생략하지 않도록 유의
- check cards : 체크카드
- crew[kru:] : 승무원[크루-]로 발음

5. 면세품 판매: 판매중단(Duty-free Sales: Stop Selling)

안내 말씀 드리겠습니다.

이 구간은 비행시간이 짧은 관계로 착륙 준비를 위해 면세품 판매를 중단하겠습니다. 주문하신 물품을 모두 전달해 드리지 못한 점 대단히 죄송합니다. 손님 여러분의 많은 양해를 바랍니다.

아울러 착륙 준비를 위하여 좌석에 앉으셔서 좌석벨트를 매주시고, 짐은 안전하게 보관해 주십시오.

감사합니다.

Ladies and gentlemen.

Due to the short flight time, we announce that we will stop selling the duty free items in preparation for landing.

We apologize that we can not deliver your duty free items that you have ordered from now on.

We hope for your kind understanding.

Please return to your seat and fasten your seat belt and store your baggage safely for landing.

Thank you.

※ 기내 면세품 예약 주문제도(Pre-flight duty-free orders)
1. 주문방법
   - 기내에서 면세품 주문서를 작성 후 승무원에게 신청
   - 전화나 e-mail로 주문
   - 기내 면세품 홈페이지에서 주문
2. 노선에 따라 주문 가능 시간이 상이
   - 일본, 중국, 러시아, 동남아, 대양주 등 : 현지 도착 후 48시간 이후 출발편에 대해 기내 사전 예약 주문이나 전화 예약 주문 가능
   - 미주, 유럽 노선 : 현지 도착 후 72시간 이후 출발편에 대해 기내 사전 예약 주문이나 전화 예약 주문 가능

안:내 말:씀 드리겠습니다.//[↘]

이 구간은 비행시간이 짧은 관계로 / 착륙 준:비를 위해 면:세품 판매를 중단하겠습니다.//[↘]

주:문하신 물품을 모두 전달해 드리지 못한 점 / 대단히 죄:송합니다.//[↘] 손님 여러분의[에] 많:은 양해를 바랍니다.//[↘]

아울러 착륙 준:비를 위하여[해] / 좌:석에 앉으셔서 좌:석벨트를 매:주시고, / 짐은 안전하게 보:관해 주십시오.//[↘]

감:사합니다.//[↘]

- 이중모음에 유의

  예) 관계[강개](×), 죄:송[제:송](×), 좌:석[자:석](×), 보:관[보:간](×)

- [ㅎ]발음이 생략되지 않도록 유의

  예) 위**해**[위애](×)

  중단**하**겠습니다[중다**나**겠습니다](×)

  전달**해**[전다래](×)

  대단**히**[대다니](×)

  양**해**를[양애를](×)

  안전**하**게[안저**나**게](×)

  보관**해**[보**가내**](×)

- 장단음에 유의

  예) 안:내, 말:씀, 준:비, 면:세품, 죄:송, 많:은, 좌:석, 매:, 보:관, 감:사

- 감:사합니다[간:사함다](×)

- '대단히 죄송합니다' : 진심으로 죄송한 감정을 살려 방송한다.

Ladies[léidiz]⌒and gentlemen[dʒéntlmən]. /

Due⌒to the shor<u>t</u> fligh<u>t</u> time, / we⌒announce that we⌒will stop⌒selling the duty⌒free⌒item<u>s</u> / in⌒preparation⌒for landing.//

We apologize[əpɑːlədʒaɪz] / that we can not deli<u>v</u>er[dilívə(r)] your duty free item<u>s</u> / that you have order<u>ed</u> from⌒now⌒on.//

We hop<u>e</u>⌒for your kin<u>d</u> understanding.//

Please return[ritɜːrn]⌒to⌒your⌒sea<u>t</u> / and fasten[fǽsn] your sea<u>t</u> bel<u>t</u> / and store[stɔː(r)] your baggage[bǽgidʒ] safely[séifli] for landing.//

Thank[θǽŋk]⌒you.//

- Due[dju:] to : ~에 기인하는, ~ 때문에
- apologize[əpɑːlədʒaɪz] : 사과하다
- deliver[dilívə(r)] : 배달하다
- 단어의 끝에 오는 't, d, k, s, p'는 발음

  예) short[ʃɔːrt] : [쇼r**트**](×), [쇼rㅌ](o)

  flight[flait] : [f을라이**트**](×), [f을라잇](o)

  ordered[ɔ́ːrdərd] : [오r덜**드**](×), [오r덜ㄷ](o)

  kind[kaind] : [카인**드**](×), [카인ㄷ](o)

  moment[móumənt] : [모먼**트**](×), [모먼ㅌ](o)

  seat[si:t] : [씨-**트**](×), [씨-ㅌ](o)

  belt[belt] : [벨**트**](×), [벨ㅌ](o)

  items[áitəmz : [아이텀**즈**](×), [아이텀ㅈ](o)

  ask[æsk] : [애스**크**](×), [애스ㅋ](o)

  make[meik] : [메이**크**](×), [메익](o)

  hope[houp] : [호**프**](×), [호읍](o)

- return[rit3ːrn] : 돌아가다
- fasten[fǽsn] : 단단히 매다, 조여 매다
- store[stɔː(r)] : 보관하다, 저장하다
- baggage[bǽgidʒ] : 수하물
- safely[séifli] : 안전하게

제 **8** 장

이륙 후 방송(2)

이륙 후 방송(2)

1. 영화 상영(Movie Showing)

손님 여러분,

잠시 후 영화를 상영해 드리겠습니다.

오늘 여러분께서 보실 영화는 (　　) 주연의 (　　)와 (　　) 주연의 (　　)입니다.

한국어는 채널 2, 영어는 채널 1에서 들으실 수 있습니다.

즐거운 시간되시기 바랍니다.

감사합니다.

Ladies and gentlemen.

In a few minutes, we will be showing our feature movies (　　) starring (　　) and

(　　) starring (　　).

Please select channel 1 for English or channel 2 for Korean.

We hope you enjoy our movies.

Thank you.

※ 영화 상영 시 승무원의 업무

- 조명 조절 : Off
- 창문 덮개 : Close
- 승객이 휴식하는 동안 walk around 실시(음료 개별 주문 및 기타 승객 Care)

손님 여러분, /

잠시 후, / 영화를 상영해 드리겠습니다.//[↘]

오늘 여러분께서 보실 영화는 / (   ) 주연의[에] (   )와 / (   )

주연의[에] (   )입니다.//[↘]

한:국어는 채널 2[이:], / 영어는 채널 1[일]에서 들으실 수 있습니다.//[↘]

즐거운 시간되시기 바랍니다.//[↘]

감:사합니다.//[↘]

- 이중모음에 유의
  예) 영화[영하](×), 시간되시기[시간데시기](×)
- 장단음에 유의
  예) 잠시 후:, 한:국어, 2[이:]번, 감:사
- 감:사합니다[간:사함다](×)

Ladies[léidiz]⌢and gentlemen[dʒéntlmən]. /

In a few[fju:] minute̲s̲[mínit̲s̲], / we will be showing our feature[fíːtʃə(r)] movie̲s̲
/ (   ) starring (   ) / and (   ) starring (   ).//

Please select channel[tʃǽnl] 1[one] for English / or channel 2[two] for Korean.//

We ho̲pe̲ you enjoy ou̲r̲ movie̲s̲.// Thank[θæŋk]⌢you.//

- In a few minutes : 잠시 후에
- feature[fíːtʃə(r)] movies : 장편 영화
- [r]을 정확히 발음한다. 혀를 안쪽으로 동그랗게 말되 입천장에 닿지 않게

  예) star[stɑː(r)] : 주연으로 하다; [스타-](×), [스타-**r**](O)

     turn[t3ːrn] : 돌리다; [터-ㄴ](×), [터-**r**ㄴ](O)

     our[áuə(r)] : 우리의; [아우어](×), [아우어**r**](O)

     for[fɔː(r)] : ~을 위하여; [포-](×), [포-**r**](O)

- 복수형에 유의

  예) minu<u>tes</u>[mínit<u>s</u>] : [**미**닛<u>ㅊ</u>]

     movie<u>s</u>[múːviz] : [**무**-비z]

- channel[tʃǽnl] : 채널; [채**널**](×), [**채**늘](O) 발음에 유의

2. Wake-up

손님 여러분,

편안한 시간 되셨습니까?

잠시 후, 아침(점심/저녁/간단한) 식사를 제공해 드리겠습니다.

저희 비행기는 앞으로 약 (2)시간 (30)분 후 (서울 인천) 국제공항에 도착할 예정이며, 목적지 현지 시각은 (1)월 (11)일 오전 (5)시 (30)분입니다.

감사합니다.

Ladies and gentlemen.

We will be serving you breakfast(lunch/dinner/snack) soon.

We have (2) hour(s) and (30) minutes left for our arrival.

The local time here in (Seoul Incheon) is now 5(five) : 30(thirty) a.m.

(January) (11th).

Thank you.

> ※ **착륙 2시간 전 실시하는 2nd meal 서비스(Breakfast의 경우)**
> - 객실 조명은 Dim상태로 한다.
> - PA의 음량을 크지 않게 하여 wake-up 방송을 실시한다.
> - Towel 서비스 및 회수
> - wake-up drink 서비스(오렌지 주스, 토마토 주스, 생수) 및 회수
>   (Tray setting 후 서비스)
> - Meal 서비스(아침식사의 경우 소화가 잘 되는 계란요리, 과일 등의 메뉴가 많다.)
> - 2nd Water 서비스
> - Coffee & Tea 서비스
> - Meal Tray 회수 및 Cabin Cleaning

손님 여러분, /

편안한 시간 되셨습니까?//[↘]

잠시 후, / 아침(점:심/저녁/간:단한) 식사를 제공해 드리겠습니다.//[↘]

저희 비행기는 앞으로 약 (2[두:])시간 (30)분 후: / (서울 인천) 국제

공항에 도:착할 예:정이며, / 목적지 현지 시각은 / (1)월 / (11)일 /

오:전 (5)시 / (30)분입니다.//[↘] 감:사합니다.//[↘]

• [ㅎ]발음이 생략되지 않도록 유의

  예) 편안한 [펴나난](×), [펴난한](o)

     간:단한 [간:따난](×), [간:딴한](o)

     비행기 [비앵기](×), [비행기](o)

     도착할 [도차갈](×), [도착칼](o)

• 이중모음에 유의

  예) 되셨습니까 [데셨습니까](×)

• 장단음에 유의

  예) 잠시 후:, 점:심, 간:단한, 2[두:]시간, 도:착할, 예:정, 오:전, 감:사

Ladies[léidiz]⌢ and gentlemen[dʒéntlmən]. /

We will be serving you breakfast(lunch/dinner/snack) soon.

We have (2) hour(s) and (30) minutes left for our arrival.

The local[lóukl] time here in (Seoul Incheon) is now 5(five) : 30(thirty[θɜ:rti])

a.m. (January) (11th). Thank[θæŋk]⌢you.

- In a few minutes : 잠시 후에

- we will be : [we will be] 또는 [we'll be]

- serving[s**3**:rvɪŋ] : 제공하다; [써-빙](×), [**써-r** v잉](o)

- local[l**ó**ukl] : 지역의, 현지의; [**로**칼](×), [**로**컬](×), [**로우**끌](o)

- 30 : thitry[θ**3**:rti]

- 월, 일 순서로 방송

  예) (January) (11th)

3. 한국 입국서류작성 안내(Documentation For Korea)

손님 여러분, 대한민국 입국에 필요한 서류를 안내해 드리겠습니다.

대한민국 여권 소지자와 거주자를 제외한 모든 분께서는 입국 신고서를 작성하셔야 합니다.

세관 신고서는 모든 분이 작성하시고, 가족인 경우 한 장만 작성하시면 됩니다.

짐을 다른 항공편이나 배로 부치신 손님께서는 두 장을 작성하시기 바랍니다.

구제역 및 조류 인플루엔자의 국내 유입 방지를 위하여 (태국)산 과일, 고기, 동식물을 가지고 계신 손님께서는 동식물 검역기관에 반드시 신고하시기 바랍니다. 아울러 콜레라의 국내 유입 방지를 위하여 (태국)에서 체류하시는 동안 설사, 구토, 복통, 발열 등의 증상을 겪으신 분께서는 반드시 검역 질문서에 해당 증상을 표시해 주십시오.

궁금하신 사항이 있으시면 언제든지 저희 승무원에게 말씀해 주십시오.

감사합니다.

Ladies and gentlemen.

For entering into Korea, please have your passport and other entry documents ready.

All passengers except Korea citizens and residents must fill out the arrival card.

The customs form must be completed by all passengers.

However, only 1 form is needed per family members traveling together.

Passengers who have baggage arriving on another aircraft or by ship are required to fill out two customs forms.

To prevent the introduction of foot-and-mouth disease and bird flu, passengers who are carrying fruit, meat products, any other animal or plant from (Thailand) must declare on the Animal and Plant Quarantine service office.

Also, in order to prevent the introduction of Cholera, please mark the symptoms on the health questionnaire, if you have experienced diarrhea, vomiting, abdominal pain or fever during your stay in (Thailand).

If you need any assistance, please contact our flight attendant.

Thank you.

손님 여러분, /

대:한민국 입국에[입꾸게] 필요한[피료한] 서류를 / 안:내해 드리겠습니다.//[↘]

대:한민국 여:권[여:꿘] 소:지자와 거주자를 제외한 모:든 분께서는 / 입국 신고서를 작성하셔야 합니다.//[↘]

세:관 신고서는 모:든 분이 작성하시고, / 가족인 경우 한 장만 작성하시면 됩니다.//[↘]

짐을 다른 항:공편이나 배로 부치신 손님께서는 / 두: 장을 작성하시기 바랍니다.//[↘]

구:제역 및 조류 인플루엔자의[에] 국내 유입 방지를 위하여[해] / (태국)산 과:일, / 고기, / 동:식물을 가지고 계:신 손님께서는 / 동:식물 검:역[거:멱]기관에[기과네] 반드시 신고하시기 바랍니다.//[↘]

아울러 콜레라의[에] 국내 유입 방지를 위하여[해] / (태국)에서 체류하시는 동안 설사, /구토, / 복통, / 발열 등의[에] 증상을 겪으신 분께서는 / 반드시 검:역[거:멱] 질문서에 해당 증상을 표시해 주십시오.//[↘]

궁금하신 사항이 있으시면 언:제든지 / 저희 승무원에게 말:씀해 주십시오.//[↘]

감:사합니다.//[↘]

> • 'ㅎ' 발음이 'ㅇ'으로 발음되지 않도록 유의한다.
>   예) 필요**한**, 안내**해**, 제외**한**, 위**해**, 사**항**이, 저**희**, 말씀**해**
> • 이중모음에 유의
>   여권[여:꿘], 제외한, 세:관, 기관, 승무원
> • 조사 '의'의 발음에 유의
>   예) 콜레라의[에], 발열 등의[에]

Ladies[léidiz]⌒and gentlemen[dʒéntlmən]. /

For entering into Korea, please ha<u>ve</u>⌒your passpor<u>t</u> and other entry[éntri] document<u>s</u>[dá:kjumənts] ready.

All passenger<u>s</u> excep<u>t</u> Korea citizen<u>s</u> and residen<u>ts</u> must fill ou<u>t</u> the[ᵊi] arrival car<u>d</u>.

The custom<u>s</u> form must be completed by all passenger<u>s</u>.

However, only 1 form is needed per family member<u>s</u> traveling together.

Passenger<u>s</u> who have baggage arriving on another aircraf<u>t</u> or by⌒ship are require<u>d</u> to fill⌒ou<u>t</u> two custom<u>s</u> form<u>s</u>.

To preven<u>t</u> the[ði] introduction[intrədʌkʃn] of foot-an<u>d</u>-mouth disease[dizí:z] and bird flu, passenger<u>s</u> who are carrying[kǽriiŋ] frui<u>t</u>, mea<u>t</u> produc<u>ts</u>, any other animal or plan<u>t</u> from (Thailand) must declare on the[ði] Animal and Plant Quarantine [kwɔ́:rənti:n] service office.

Also, in⌒order⌒to preven<u>t</u>[privént] the[ði] introduction[intrədʌkʃn] of Cholera[ká:lərə], please mar<u>k</u> the symptom<u>s</u>[símptəmz] on the health questionnaire[kwestʃənéə(r)], if you have experienced diarrhea[dàiərí:ə], vomiting [vámitiŋ], abdominal[æbdá:minl] pain or fever[fí:və(r)] during your stay in (Thailand).

If you need any assistance[əsístəns], please contac<u>t</u>[ká:ntækt] our fligh<u>t</u> attendan<u>t</u>. Thank[θæŋk]⌒you.

- entry[éntri] documents[dá:kjumənts] : 입국서류, entry[éntri] [엔추리](o)
- except[iksépt] : ~을 제외한
- residents[rézidənts] : 거주자
- arrival card : 도착 카드
- customs form : 세관 신고서
- complete : 기입하다, 작성하다
- prevent[privént]: 예방하다, 방지하다
- introduction[intrədʌkʃn] : 도입, 전래
- foot-and-mouth disease : 구제역
- disease[dizí:z] : 질병
- bird flu[flu:] : 조류 독감
- declare[diklér] : (세관, 검역 당국에) 신고하다, 강세에 유의
- quarantine[kwɔ́:rənti:n] : 검역[쿼-런틴-]
- the Animal and Plant Quarantine service office : 동식물검역사무소
- cholera[ká:lərə] : 콜레라, 발음에 유의; [콜레라](×), [칼-러러](o)
- mark[mɑ:rk] : 표시하다
- symptoms[símptəmz] : 증상[씸떰z]
- the health questionnaire[kwestʃənéə(r)] : 건강 설문지
- diarrhea[dàiərí:ə] : 설사, 발음 및 강세에 유의[다이어리-어]
- vomiting[vámitiŋ] : 구토, 토하기
- abdominal[æbdá:minl] : 복부의, 발음에 유의[앱다-미널]
- pain[pein] : 통증, 아픔
- fever[fí:və(r)] : 열[f이-v어r]
- assistance[əsístəns] : 도움, 지원
- contact[ká:ntækt] : 연락하다, 발음에 주의; [콘택트](×), [칸-택t](o), [t]는 거의 생략

4. 미국 입국서류작성 안내(Documentation For USA)

손님 여러분, 미국 입국에 필요한 서류를 안내해 드리겠습니다.

세관 신고서는 모든 분이 작성하시고, 가족인 경우 1장만 작성하시면 됩니다.

미화 10,000달러 이상 또는 이에 해당하는 외화를 가지고 있거나 과일, 고기, 동식물 등을 가지고 계신 분은 세관 신고서에 신고하셔야 합니다. 미국산 과일, 고기, 동식물은 한국에 가지고 오실 수 없으니 유의해 주시기 바랍니다.

(로스앤젤레스) 국제공항에서 비행기를 갈아타시는 경우 100ml 이하의 향수나 화장품과 같은 액체성 물품은 소형 투명비닐봉투에 넣은 경우에만 기내에 가지고 타실 수 있습니다.

감사합니다.

Ladies and gentlemen.

For entering into the United States, please check that you have your passport and other entry documents ready.

The customs form must be completed by all passengers.

However, only 1 form is required per family members traveling together.

If you are carrying more than 10,000(ten thousand) US dollars or the equivalent in foreign currency or carrying any kind of fruit, meat products, any other animal or plant, you must declare them on a customs form.

Passengers planning to return to Korea, please be sure to remember that beef products from the U.S. and Canada can not be brought into Korea.

According to the aviation security regulations, passengers who are continuing to the international flights carrying liquid items under 100ml(one hundred milliliters) here in (Los Angeles) International Airport must put them inside the clear zip-lock bag.

Thank you.

손님 여러분, /

미국 입국에 필요한[피료한] 서류를 안:내해 드리겠습니다.//[↘]

세:관 신고서는 모:든 분이 작성하시고, / 가족인 경우 1장[한 장]만 작성하시면 됩니다.//[↘]

미화 10,000달러[만 달러] 이상 또는 이에 해당하는 외화[외하×]를 가지고 있거나 / 과:일[가:일×], / 고기, / 동:식물 등을 가지고 계:신 분은 / 세:관[세:간×]신고서에 신고하셔야 합니다.//[↘]

미국산 과:일, / 고기, / 동:식물은 / 한:국에 가지고 오실 수 없으니 유의[이]해 주시기 바랍니다.//[↘]

(로스앤젤레스) 국제공항에서 비행기를 갈아타시는 경우 / 100ml[백밀리리터] 이하의[에] 향수나 / 화장품과[하장품가×] 같은 액체성[액체썽] 물품은 / 소:형 투명비닐봉투에 넣:은 경우에만 / 기내에 가지고 타실 수 있습니다.//[↘]
감:사합니다.//[↘]

- 달러 : [딸라](×), [딸러](×), [달라](×)
- 'ㅎ' 발음이 'ㅇ'으로 발음되지 않도록 유의한다.
  예) 비행기[비앵기](×), 화장품[하장품](×)
- 이중모음에 유의
  예) 영:주권자[영:주껀자](×), 정확한, 세:관, 외화, 과:일, 화장품과
- 숫자는 조금 천천히 읽는다.
  10,000달러, 100ml, 400불, 2장

Ladies[léidiz] and gentlemen[dʒéntlmən], /

For entering into the United States, / please check that you have‿your

passport / and other entry[éntri] documents[dɑ́:kjumənts] ready[rédi]. //

The customs form must‿be completed by all passengers. //

However[hauévə(r)], / only‿1‿form is‿required / per family members

traveling together. //

If you are carrying more than 10,000[ten thousand] US dollars / or the[ði]

equivalent[ikwívələnt] in foreign[fɔ́:rən] currency[kɜ́:rənsi] / or carrying[kǽriiŋ]

any kind‿of fruit, / meat products, / any other animal or plant, / you must

declare[diklér] them on a customs form. //

Passengers planning‿to return‿to‿Korea, / please‿be‿sure‿to remember /

that beef products from the U.S. and Canada / can not be brought[brɔ́:t]

into Korea. //

According to the[ði] aviation[eiviéiʃn] security regulations, / passengers who

are continuing to / the[ə i] international flights / carrying liquid[líkwid] items

under 100ml[one hundred milliliters] / here in (Los Angeles) International

Airport / must put them inside the clear zip[zip]-lock bag. //

Thank[θæŋk] you. //

- 복수형 -s가 생략되지 않도록 음가를 정확히 발음한다.
- customs form : 세관 신고서, customs(세관)는 항상 복수형
- complete : 기입하다, 작성하다
- However[hauévə(r)] : 그러나
- equivalent[ikwívələnt] : 동등한, 상응하는[이**퀴**벌런t]
- foreign currency : 외화
- foreign[fɔ́:rən] : 외국의
- currency[k3:rənsi] : 통화[**커**-런si]
- declare[diklér] : (세관, 검역 당국에) 신고하다, 강세에 유의
- According to : ~에 따르면
- aviation security regulations : 항공 보안 규정, 항공법
- aviation[eiviéiʃn] : 항공[에이v | **에**이션]
- transit[trǽnzit] : 환승, 통과
- liquid[líkwid] : 액체성의[**리**뀌d]
- zip-lock bag : 지퍼백, [z]발음에 유의

※ 최근 미국 출입국(CIQ) 규정 변경

미국 입국 시 미국 시민, 영주권자, 미국 이민비자 소지자, 캐나다 시민을 제외한 모든 승객들이 작성하던 입국 신고서(I-94 Form) 작성이 2013년 4월 30일부터 지역별로 점차적으로 폐지되고 있어, 승객들은 미국 입국심사 시 세관 신고서와 여권검사만 실시하게 되어 더욱 편리해졌다.

5. 일본 입국서류작성 안내(Documentation For Japan)

손님 여러분,

일본 입국에 필요한 서류를 안내해 드리겠습니다.

일본 여권 소지자를 제외한 모든 분께서는 입국 신고서를 영어 대문자로 작성해 주시기 바랍니다.

세관 신고서는 면세 허용량을 초과한 승객만 작성하시면 되고, 짐을 다른 비행기나 배로 부치신 분께서는 2장을 작성해 주시기 바랍니다.

일본산 과일, 고기, 동식물은 한국에 가지고 오실 수 없으니 유의해 주시기 바랍니다.

감사합니다.

Ladies and gentlemen.

For entering into Japan, please have your passport and other entry documents ready.

All passengers except Japanese passport holders are required to fill out the disembarkation card.

The customs form must be completed by all passengers.

However, only 1 form is needed per family members traveling together.

Passengers who have baggage arriving on another aircraft or by ship must fill out 2 customs forms.

Passengers planning to return to Korea, please note that any beef products can not be brought into Korea.

Thank you.

손님 여러분, /

일본 입국에 필요한 서류를 / 안:내해 드리겠습니다.//[↘]

일본 여권[여:권] 소:지자를 제외한 모:든 분께서는 / 입국 신고서를 영어 대:문자로 작성해 주시기 바랍니다.//[↘]

세:관 신고서는 면:세 허용량을 초과[초가×]한 승객만 작성하시면 되고, / 짐을 다른 비행기나 배로 부치신 분께서는 / 2장[두:장]을 작성해 주시기 바랍니다.//[↘]

일본산 과:일, / 고기, / 동:식물은 / 한:국에 가지고 오실 수 없으니 유의[이]해 주시기 바랍니다.//[↘]

감:사합니다.//[↘]

- 이중모음에 유의
  예) 여권, 제외한, 세관, 초과, 과일
- 장단음에 유의
  예) 대:문자, 여:권, 과:일, 동:식물, 한:국, 2:장, 세:관, 면:세, 감:사
- 여러 개의 단어가 나열된 경우 약간의 리듬을 넣어 방송하는 것이 좋다.

※ 일본 입국서류
- 비자 : 비자 면제국가를 제외한 모든 국가의 승객에게 필요
  (비자 면제 국가 : 한국, 싱가포르, 이스라엘, 터키, 뉴질랜드, 서유럽 전 국가와 튀니지, 미국, 캐나다, 콜롬비아, 우루과이 등)
- 입국 신고서 : 자국민은 작성하지 않으며 모든 외국인은 작성해야 함
  (테러 미연 방지를 위해 2007년 11월 23일부터, 일본 입국 심사 시 모든 외국인 승객을 대상으로 지문 및 얼굴 사진 촬영을 실시하고 있다.)
- 세관 신고서 : 신고할 물품이 있는 경우 작성
- 검역 신고서 : 동남아 지역 또는 콜레라 오염지역을 출발/경유하여 일본에 도착하는 모든 항공편의 승객에 한하여 작성

Ladies[léidiz] and gentlemen[dʒéntlmən], /

For entering into Japan, / please have‿your passport and other entry[éntri]

documents[dá:kjumənts] ready. //

All passengers except[iksépt] Japanese[dʒæ̀pəní:z] passport holders / are required

to fill‿out the disembarkation[disèmbɑ:rkéiʃən] card. //

The customs form must be completed by all passengers. //

However[hauévə(r)], / only‿1‿form is‿needed / per family members traveling

together. //

Passengers who‿have baggage arriving on another aircraft or by ship / must

fill out 2 customs forms. //

Passengers planning‿to return‿to Korea, / please note that any beef products

can not be brought[brɔ́:t] into Korea. //

Thank[θæŋk] you. //

- 복수형 -s가 생략되지 않도록 음가를 정확히 발음한다.
- 연음 처리되어야 할 부분은 자연스럽게 연음하여 발음한다.
- 단어 끝의 [p, k, t]는 아주 약하게 발음한다.
- '(콤마)' 부분은 한 박자 쉰다. 예) However, / only ~
- entry[éntri] documents[dá:kjumənts] : 입국서류
- except[iksépt] : ~을 제외한
- disembarkation[disèmbɑ:rkéiʃən] card : 입국 신고서
- customs form : 세관 신고서, customs(세관)는 항상 복수형
- complete : 기입하다, 작성하다
- However[hauévə(r)] : 그러나

6. 중국 입국서류작성 안내(Documentation For China)

손님 여러분,

중국 입국에 필요한 서류는 입국 신고서와 세관 신고서 그리고 검역 신고서가
있습니다.

중국 여권 및 홍콩 ID카드 소지자, 중국 단체비자 소지자, 대만 여권 및 대만 여
행서류 소지자를 제외한 모든 분께서는 입국 신고서를 영어 대문자로 작성해
주시기 바랍니다.

세관 신고서는 만 16세 이하의 동반 여행자를 제외한 모든 분이 작성하셔야 하
며, 검역 신고서는 모든 분이 작성하셔야 합니다.

중국산 과일, 고기, 동식물, 인삼류, 특히 향정신성 의약품이 들어 있는 중국산
다이어트 제품과 감기약 등은 한국에 가지고 오실 수 없으니 유의해 주시기 바
랍니다.

중국 공항에서는 주류를 포함한 액체성 물품은 기내에 가지고 타실 수 없으니
위탁 수하물로 보내시기 바랍니다.

또한, (베이징 서우두) 국제공항에서 국제선으로 갈아타시는 경우 100밀리리
터 이하의 액체성 물품은 소형 투명 비닐봉투에 넣은 경우에만 기내에 가지고
타실 수 있습니다.

감사합니다.

> ※ 중국 입국 시 필요한 서류
>
> • 여권 : 전 승객 검사 실시
>
> • 비자 : 외국인의 경우 반드시 필요
>
> • 입국 카드 : 입국 카드는 1인당 1매 작성(동반 여권의 경우 각각 1장 작성) 그룹 비자 취득 승객은 작성하지 않아도 됨
>
> • 세관 신고서 : 중국 공항으로 입·출국하는 모든 여행자 작성 필요(어른과 동반 여행하는 16세 이하 승객, 외교관 제외)
>
> • 검역 신고서 : 모든 승객 작성
>   - 과일, 토마토, 가지, 고추, 계란, 고기류, 소시지 등 반입 금지. 김치는 반입 가능
>   - 애완동물 중 새(Bird)의 반입 금지
>
> • 면세허용량
>   - 단기 여행자(6개월 미만 체류) : 주류 1병, 담배 2보루
>   - 장기 여행자 : 주류 3병, 담배 4보루
>   - 홍콩, 마카오 지역 왕복 여행자 : 주류 1병

Ladies and gentlemen.

For entering into China, please have your passport and other entry documents ready.

All passengers except Chinese passport and Hong Kong ID card holders, group visa holders, Taiwan Passport and Travel Permission Documents holders are required to fill out the Arrival Card.

Also, all passengers must complete the customs form and the quarantine form.

However, passengers under sixteen or family members travelling together are not required to fill out the customs form.

If you are carrying fruit, meat products, animal or plant, ginseng products, diet products or cold medicine which containing psychotropic drug made in China, it is strictly prohibited to bring them into Korea and you must declare them on the customs form.

According to the aviation security regulations in (Beijing Capital) International Airport, if you are carrying any liquids or gels including liquor, you can not carry them into the cabin and also all liquids should be checked in at the airlines counter. Also, passengers who are transitting to the international flights must put the liquid items under 100ml[one hundred milliliters] inside the clear zip-lock bag if you want to carry them with you into the cabin.

Thank you.

손님 여러분, /

중국 입국에 필요한 서류는 / 입국 신고서와 세**관** 신고서 / 그리고 검역 신고서가 있습니다.//[↘]

중국 여:권[여:꿘] 및 홍콩 ID카드 소:지자, / 중국 단체비자 소:지자, / 대만 여:권[여:꿘] 및 대만 여행서류 소:지자를 제**외**한 모:든 분께서는 / 입국 신고서를 영어 대:문자[대:문짜]로 작성해 주시기 바랍니다.//[↘]

세:**관** 신고서는 만 16세 이하의[에] 동반 여행자를 제외한 모:든 분이 작성하셔야 하며, / 검:역 신고서는 모:든 분이 작성하셔야 합니다.//[↘]

중국산 **과**:일, / 고기, / 동:식물, / 인삼류, / 특히 향:정신성 **의**약품이 들어 있는 / 중국산 다이어트 제:품과 감:기약 등은 / 한:국에 가지고 오실 수 없으니 유의[이]해 주시기 바랍니다.//[↘]

중국 공항에서는 주류를 포함한 액체성 물품은 / 기내에 가지고 타실 수 없으니 / **위**탁 수하물로 보내시기 바랍니다.//[↘]

또한, / (베이징 서우두) 국제공항에서 국제선으로 갈아타시는 경우 / 100밀리리터 이하의[에] 액체성 물품은 / 소형 투명 비닐봉투에 넣은 경우에만 / 기내에 가지고 타실 수 있습니다.//[↘]

감:사합니다.//[↘]

> • '의'가 단어의 첫음절에 오는 경우 [의] 음가를 충분히 내주어 발음한다.
>   예) 의약품, 의사, 의리, 의미, 의의
> • 문장 중간의 '의'는 [이]로 발음한다.
>   예) 유의[이]해
> • 장단음에 유의
>   예) 대:문자, 여:권, 과:일, 동:식물, 세:관, 감:사
> • 여러 개의 단어들이 나열되는 경우 지루하지 않게 리듬을 넣어 방송한다.
>   예) 과:일↗, /고기↘, / 동:식물↗, / 인삼류↘, /

Ladies[léidiz] and gentlemen[dʒéntlmən], /

For entering into China, please have‿your passport and other entry[éntri] documents[dá:kjumənts] ready. //

All passengers except[iksépt] Chinese passport / and Hong Kong ID card holders, / group visa holders, / Taiwan Passport and Travel Permission Documents holders / are required to fill‿out the[ði] Arrival Card. //

Also, / all passengers must complete the customs form / and the quarantine[kwɔ́:rənti:n] form. //

However, / passengers under sixteen / or family members travelling together / are not required to fill‿out the customs form. //

If you are carrying fruit, / meat[mi:t] products[prá:dʌkts], / animal or plant, / ginseng[dʒínseŋ] products, / diet products or cold medicine[médisn] / which containing psychotropic[sàikətrápik] drug made in China, / it is strictly prohibited to bring them into Korea / and you must declare them on the customs form. //

According‿to the[ði] aviation security regulations in (Beijing Capital) International Airport, / if you are carrying any liquids or gels including liquor, / you can not carry them into the cabin / and also all liquids should‿be checked‿in at the[ði] airlines counter. //

Also, / passengers who are transitting to the[ði] international flights / must put the liquid items under 100ml[one hundred milliliters] / inside the clear zip-lock bag / if you want to carry them with‿you into the cabin.//

Thank[θæŋk] you.//

- 복수형 -s가 생략되지 않도록 음가를 정확히 발음한다.
- 단어의 마지막에 오는 [t, d, k, p]는 약하게 발음한다.
- Permission[pərmíʃn] : 허가, 허락
- quarantine[kwɔ́:rənti:n] : 검역[**쿼**-런틴-]
- meat[mi:t] : 고기
- product[prá:dʌkt] : 생산품; [프러**덕**트](×), [프**라**덕t](o)
- ginseng[dʒínseŋ] : 인삼
- cold medicine[médisn] : 감기약
- psychotropic[sàikətrápik] drug : 향정신성 의약품[싸이커추**라**픽]
- strictly : 엄격하게, [ly] 앞의 [t]는 약하게 발음

※ 입국서류 안내 서비스

- 실시 시점 : 승객의 편의를 위해 Meal 서비스 종료 후 입국하고자 하는 국가의 입국서류를 승객에게 배포하고 필요시 작성을 도와드린다.
- 승무원의 응대 대화 멘트 예
  - 손님, 입국서류입니다. 기내에서 미리 작성해 주십시오.

    Excuse me, sir. Here is your entry documents.

    Please fill out before we land.
  - 신고하실 물품이 있으십니까?

    Do you have any items to declare?
  - 세관 신고서를 작성해 주십시오. 세관 신고서는 가족당 1장만 작성하시면 됩니다.

    Please fill out the customs form.

    Only 1 customs form is needed per family.

제 **9** 장

착륙 준비 및
착륙 후 방송

제9장

착륙 준비 및 착륙 후 방송

1. 헤드폰 회수(Headphone Collection)

손님 여러분,

착륙 준비를 위하여 사용하시던 헤드폰과 잡지를 회수하겠습니다.

협조를 부탁드립니다.

감사합니다.

Ladies and gentlemen,

We will collect your headphones and magazines now.

Thank you for your cooperation.

> ※ **고객 편의 서비스**
>
> - PSU(Passenger Service Unit) : 승객 좌석 주변에 설치된 승객 편의시설을 말하며, 승무원 호출 버튼, 채널 및 음량 조절, Head Set Jack, Reading Light 조절 등의 기능이 있다.
> - 영화/음악 제공 : 최신 기종에 장착된 AVOD(Audio & Video On Demand) 시스템을 통해 다양한 종류의 영화, 음악, 오락, 운항 정보 등을 이용할 수 있다.
> - Air Show : 해당 비행편에 대한 다양한 운항관련 정보(출발 예정시간, 비행시간, 도착 예정 시간, 남은 비행시간, 목적지 공항 기상, 외부 온도, 고도 등)를 스크린이나 모니터를 통해 승객들에게 제공하는 서비스.
> - 기타 오락 서비스 : 장시간 여행하는 승객에게 지루함을 달래주기 위한 다양한 오락거리가 준비되어 있다.(예, 바둑, 체스, 장기, 트럼프 등)
> - 읽을거리 제공 : 장거리 항공 여행을 하는 승객을 위해 기내 도서 서비스를 제공하고 있다.(예, 베스트셀러, 무협지, 어린이를 위한 도서, 외국인을 위한 도서 등)
> 이외에도 신문과 잡지 서비스를 제공하고 있다.

손님 여러분, /

착륙[창눅] 준:비를 위하여[해] 사:용하시던 헤드폰과 잡지[잡찌]를 회수[해수(×)]하겠습니다.//[↘]

협조[협쪼]를 부:탁드립니다.//[↘]

감:사합니다.//[↘]

- 발음에 유의

  착륙[창뉵], 협조[협쪼], 잡지[잡찌]

- 이중모음에 유의

  회수[해수](×)

- 장단음에 유의

  예) 준:비, 사:용, 부:탁

Ladies[léidiz] and gentlemen[dʒéntlmən], /

We will collect[kəlékt] your headphone<u>s</u>[hédfòunz] and magazine<u>s</u>[mǽgəzi:nz] now.//

Thank[θæŋk]⌒you⌒for your cooperation[kouɑ́:pəréiʃn].//

- 복수형 -s가 생략되지 않도록 음가를 정확히 발음한다.
- 단어의 마지막에 오는 [t, d, k, p]는 약하게 발음한다.
- collect[kəlékt] : 수집하다, 모으다
- headphone<u>s</u>[hédfòunz] : 헤드폰, 강세에 유의
- magazine<u>s</u>[mǽgəzi:nz] : 잡지, 강세에 유의
- cooperation[kouɑ́:pəréiʃn] : 협력, 협조

  cf) corporation[kɔ:rpəréiʃn](기업)과 발음 구분

---

2. 착륙 준비(10,000ft Sign, Approaching)

손님 여러분,

우리 비행기는 약 (15)분 후, (도시명+공항명) (미국 로스앤젤레스) 국제공항에 도착하겠습니다.

지금부터 좌석에 앉으셔서 좌석벨트를 착용해 주시고, 꺼내 놓은 짐들은 앞좌석 아래나 선반 속에 다시 보관해 주십시오.

좌석 등받이와 테이블은 제자리로 해주시고, 창문 커튼도 열어주시기 바랍니다.

사용하시던 휴대용 컴퓨터, CD Player, 게임기 등 모든 전자제품의 전원은 안전한 착륙을 위하여 꺼주시기 바랍니다.

감사합니다.

Ladies and gentlemen.

We are now approaching (Los Angeles) International Airport.

At this time, you have to return to your seat and fasten your seatbelt.

Please make sure your carry-on items are stored properly in the overhead bins or under the seat in front of you and also open your window shades.

All electronic devices such as personal computers, CD Players and electronic games must remain turned off for safe landing.

Thank you for your cooperation.

※ 10,000ft Sign 후 승무원 안전 점검사항
- Galley 기물 정리 보관 및 이중 Locking 확인, Coffee maker 등 전원 Off, Galley curtain open
- 객실 승객 착석 안내(착륙 중 화장실 사용 금지 안내) 및 화장실 물품 정리
- 승객 좌석 주변 안전 점검 실시
    - Headphone 수거, 좌석벨트 착용상태, 등받이, Tray Table, Overhead Bin, 승객 짐 재정리, 창문 Open
- 객실 조명 조절(Dim)

손님 여러분, /

우리 비행기는 약 (15)[십오:]분 후:, / (도시명+공항명) (미국 로스앤젤레스) 국제공항에 도:착하겠습니다.//[↘]

지금부터 좌:석에 앉으셔서 / 좌:석벨트를 착용해 주시고, / 꺼내 놓은 짐들은 앞좌:석 아래나 선반 속에 / 다시 보:관해 주십시오.//[↘]

좌:석 등받이와 테이블은 제자리로 해주시고, / 창문 덮개도 열어주시기 바랍니다.//[↘]

사:용하시던 휴대용 컴퓨터, / CD Player, / 게임기 등 / 모:든 전:자제:품의[에] 전:원은 / 안전한 착륙을 위하여[해] 꺼주시기 바랍니다.//[↘]

감:사합니다.//[↘]

• 발음에 유의
  착륙[창뉵], 협조[협쪼], 잡지[잡찌]
• 이중모음에 유의
  회수[해수](×), 보관[보간](×)
• 장단음에 유의
  예) 좌:석, 모:든, 보:관, 사:용, 전:자, 제:품, 전:원, 감:사
• 숫자 5는 장음 [오:]로 발음한다.
• 등받이 : [등바지]로 발음한다.
• 문어적인 방송문을 좀 더 자연스럽게 표현하기 위해 음을 축약하여 구어적으로 방송하는 것이 더 자연스럽다.
  예) 위하여 : [위해]
• '의'가 조사로 사용되는 경우 [에]로 발음한다.
  예) 전자제품의 : [전자제품에]

Ladies[léidiz]⌣and gentlemen[dʒéntlmən]. /

We are now approaching (Los Angeles) International Airport. //

At⌣this⌣time, / you have to return to your seat / and fasten your seatbelt. //

Please make⌣sure / your carry-on items are stored properly / in the[ði] overhead

bins / or under the seat / in⌣front⌣of⌣you / and also open your window shades. //

All electronic devices such⌣as personal computers, / CD Players / and

electronic games / must remain turned⌣off for safe landing. //

Thank[θæŋk]⌣you⌣for your cooperation[kouá:pəréiʃn]. //

- 복수형 -s가 생략되지 않도록 유의
- 단어의 마지막에 오는 [t, d, k]는 약하게 발음
- 연음에 유의하여 자연스럽게 방송한다.
  예) At⌣this⌣time, make⌣sure, in⌣front⌣of⌣you, such⌣as, Thank⌣you⌣for
- window shades : 창문 덮개
- shade[ʃeid] : 빛 가리개, 복수형 shades는 거의 [셰이즈]로 발음한다.
- 복수형 또는 3인칭 단수의 's'가 생략되지 않도록 주의하여 발음한다.
- 모음 앞의 the는 [ði]로 발음되므로 유의한다.
- electronic[ilektrá:nik] devices[diváisiz] : 전자제품
- cooperation[kouá:pəréiʃn] : 'corporation[kɔ:rpəreɪʃn]=기업'과 발음을 혼동 하지 말아야 한다.

3. 환승(Transit Procedure)

아울러, 환승 안내 말씀 드리겠습니다.

계속해서 이 비행기로 (도시명)까지 가시는 손님께서는 (도시+공항명)에 도착하시면 모든 짐을 갖고 내리시고, 탑승권도 잊지 마시기 바랍니다.

내리신 후에는 저희 지상직원의 안내에 따라 공항 대기장소에서 잠시 기다려주십시오.

이 비행기의 다음 출발시각은 (2)시 (30)분이며, 탑승시각은 공항에서 다시 알려드리겠습니다.

감사합니다.

Ladies and gentlemen.

Passengers who are continuing on to (   ) with us must take all your belongings with you including boarding pass when leaving the aircraft.

After deplaning, please follow the guidance of our ground staff and proceed to the transit area.

Our scheduled departure time for (   ) is (2 : 30) a.m.(/p.m.)

We will start re-boarding (40) minutes before the departure time.

Please listen to the announcement for a re-boarding in the transit area.

Thank you.

※ Transit이란?

- 승객이 중간 기착지에서 항공기를 갈아타는 환승을 말한다.
- Stop Over란 승객이 중간지점에서 24시간 이상 체류하는 것을 말한다.
- Transit하는 승객은 중간 기착지 공항 도착 후 항공사 공항직원의 안내를 따르면 된다.
- Transit Lounge(환승 라운지)는 일반적으로 터미널 4층에 위치하고 있으며, 환승 승객을 위한 다양한 편의시설이 구비되어 있다.

아울러, / 환:승 안:내 말:씀 드리겠습니다.//[↘]

계:속해서 이 비행기로 (도시명)까지 가시는 손님께서는 (도시+공항명)에 도:착하시면 모:든 짐을 갖고 내리시고, 탑승권[탑쓩꿘]도 잊지 마시기 바랍니다.//[↘]

내리신 후:에는 저희 지상직원의[에] 안:내에 따라 공항 대:기장소에서 잠:시 기다려주십시오.//[↘]

이 비행기의 다음 출발시각은 (2)시 (30)분이며, 탑승[탑쏭] 시각은 공항에서 다시 알려드리겠습니다.//[↘]

감:사합니다.//[↘]

- 자음 'ㅎ' 발음에 유의, [ㅇ]으로 발음되지 않도록 유의
  예) 계:속해서 : [계:소개서](×), [계:소캐서](○)
  　　비행기 : [비앵기](×), [비행기](○)
- 장단음에 유의
  예) 환:승, 말:씀, 계:속해서, 도:착, 모:든, 후:에는, 안:내, 대:기, 잠:시

Ladies[léidiz]⌢and gentlemen[dʒéntlmən]. /

Passengers who are continuing⌢on to (   ) with⌢us / must take all your belongings[bilɔ́ːŋiŋz] with⌢you / including boarding pass when leaving the aircraft.//

After deplaning, / please follow the guidance[gaidns] of our ground staff / and proceed[prousíːd] to the transit area.//

Our scheduled departure time for (   ) / is (2 : 30) a.m.(/p.m.)//

We will start re-boarding / (40) minutes before the departure time.//

Please listen⌢to the[ði] announcement for re-boarding / in the transit area.//

Thank[θæŋk]⌢you.//

- 연음에 유의
  with⌢us, with⌢you, listen⌢to
- belongings[bilɔ́:ŋiŋz] : 소지품[비롱-잉z]
- guidance[gaidns] : 안내; [가이던스](×), [가이든s](o)
- proceed[prouʃí:d] : 진행하다
- scheduled departure time : 예정된 출발시각
- re-board : 다시 타다

※ TWOV 승객이란
- Transit Without Visa의 약어
  = 무사증 통과
- 중간 기착지에서 항공기를 갈아타기 위해 Transit Lounge에 잠시 체류하거나 해당 국가의 규정된 조건하에서 city tour 등을 위해 입국 비자 없이 그 나라에 잠시 입국하여 짧은 시간 동안 체류하는 것
- 객실승무원은 city tour 등을 목적으로 잠시 입국하고자 하는 승객에게는 TWOV Form을 배부하여 작성하도록 안내한다.

※ VWA (Visa Waiver Agreement), VWP (Visa Waiver Program)
- 관광, 상용 등 단기 목적으로 여행 시 협정 체결 국가의 국민에게 비자 없이 입국이 가능하도록 한 양 국가 간의 비자 면제 협정 또는 비자 면제 프로그램
- Waiver [weɪvə(r)] (권리의) 포기

4. 착륙(Landing)

손님 여러분

우리 비행기는 곧 착륙하겠습니다.

좌석에 앉으셔서 좌석벨트 착용상태를 다시 한 번 확인해 주시고, 좌석 등받이와 테이블, 발 받침대는 제자리로 해주시기 바랍니다.

착륙 중 창문 덮개는 열어두시기 바라며, 착륙 후 비행기가 완전히 멈춘 후 좌석벨트 표시등이 꺼질 때까지 모든 전자기기의 전원을 꺼주시기 바랍니다.

감사합니다.

Ladies and gentlemen.

We will be landing shortly.

Please return to your seat and fasten your seat belt. Also, put your seat back upright and secure your tray table and footrest.

During landing, please open your window shades and also discontinue the use of all electronic devices until the captain has turned off the seat belt sign.

Thank you.

※ Landing 방송 실시 시점
- 일반적으로 Landing 방송은 착륙을 위해 기장이 항공기의 landing gear를 내리는 시점에 승무원의 landing gear가 아래로 떨어지면서 생기는 '쿵' 하는 소리를 주의 깊게 들은 후 바로 실시하면 된다.
- Landing gear down 시점은 일반적으로 활주로 착륙 5분 전이다.

※ Landing gear
- 항공기의 지상 이동 및 이착륙 시 사용된다.
- Nose Gear와 Main Gear로 구성되어 있다.
- Nose Gear는 지상에서의 균형 유지와 방향 전환에 이용된다.
- Main Gear는 항공기의 Main Wing 좌, 우에 있으며, 균형 유지, 충격 흡수, 제동의 역할을 한다.

손님 여러분, /

우리 비행기는 곧 착륙하겠습니다.//[↘]

좌:석에 앉으셔서 좌석벨트 착용상태를 다시 한 번 확인해 주시고, / 좌석 등받이[등바지]와 테이블, 발 받침대[받침때]는 / 제자리로 해주시기 바랍니다.//

착륙[창늌] 중 창문 덮개[덥깨]는 열어두시기 바라며, / 착륙 후: 비행기가 완전히 멈춘 후: /좌:석벨트 표시등이 꺼질 때까지 / 모:든 전:자기기의[에] 전:원을 꺼주시기 바랍니다.//[↘] 감:사합니다.//[↘]

- 자음 'ㅎ' 발음에 유의, [ㅇ]으로 발음되지 않도록 유의

  예) 비행기 : [비앵기](×), [비행기](○)

  확인해 : [화긴애](×), [화긴해](○)

  완전히 : [완저니](×), [완전히](○)

- 장단음에 유의

  예) 좌:석, 후:, 모:든, 전:자, 전:원, 감:사

Ladies[léidiz]⌒and gentlemen[dʒéntlmən]. /

We will be landing shortly.//

Please return to your seat and fasten your seat belt.//

Also, / put your seat back upright / and secure your tray table and footrest.//

During landing, / please open your window sha<u>de</u>s / and also discontinue[diskəntínju:]
the[ðə] use[ju:s] of all electronic device<u>s</u> / until the captain has turn<u>ed</u>⌒off the sea<u>t</u>
bel<u>t</u> sign.// Thank[θæŋk]⌒you.//

- shortly[ʃɔ́:rtli] : 곧 'ly' 앞의 't'는 약하게 발음
- footrest : 발판, 발 받침대
- discontinue[diskəntínju:] : 중단하다
- use : 동사 [ju:z], 명사 [ju:s]

5. 환송(Farewell)

손님 여러분,

우리 비행기는 (로스앤젤레스)에 도착하였습니다.

(항공기 연결) 관계로 도착이 예정보다 늦어진 점, 양해해 주시기 바랍니다.

지금 이곳은 (10)월 (19)일 오전/오후 (2)시 (30)분이며, 기온은 섭씨 ( )도,
화씨 ( )도입니다.

안전을 위해 비행기가 완전히 멈춘 후, 좌석벨트 표시등이 꺼질 때까지 좌석에
서 기다려주시기 바라며, 그동안 휴대전화의 전원은 꺼두시기 바랍니다.

선반을 여실 때는 안에 있는 물건이 떨어질 수 있으니 조심해 주시고, 내리실
때는 기내에 두고 내리는 물건이 없는지 다시 한 번 확인해 주시기 바랍니다.

오늘도 여러분의 소중한 여행을 (   ) 회원사인 저희 (   )항공과 함께 해주
셔서 대단히 감사합니다.

저희 승무원들은 앞으로도 한 분 한 분 특별히 모시는 마음으로 더욱 정성을
다해 모실 것을 약속드립니다.

Ladies and gentlemen, welcome to Los Angeles.

We have landed at (Los Angeles) International Airport.

Today, we are delayed due to (aircraft connection). We thank you for your
patience and kind understanding.

The local time is now (2 : 30) p.m. (Oct) (19th) and the temperature is (   )
degrees Celsius and (   ) degrees Fahrenheit.

For your safety, please remain seated with your mobile phones switched off until
the seat belt sign is turned off.

When leaving the aircraft, please take care when opening the overhead
compartments and check that you have not left anything behind.

Thank you once again for flying (   ) Airlines, a member of (   ) alliance
and we hope to see you again soon on your next flight.

손님 여러분, /

우리 비행기는 (로스앤젤레스)에 도착하였습니다[도착했습니다].//[↘]

(항:공기 연결) 관계로 도:착이 예:정보다 늦어진 점, / 양해해 주시기 바랍니다.//[↘]

지금 이곳은 (10)월 / (19)일 / 오:전/오:후 / (2[두:])시 (30)분이며, / 기온은 섭씨 (   )도, 화씨 (   )도입니다.//[↘]

안전을 위해 비행기가 완전히 멈춘 후:, / 좌:석벨트 표시등이 꺼질 때까지 / 좌:석에서 기다려주시기 바라며, / 그동안 휴대전:화의[에] 전:원은 꺼두시기 바랍니다.//[↘]

선반을 여:실 때는 / 안에 있는 물건이 떨어질 수 있으니 조:심해 주시고, / 내리실 때는 기내에 두고 내리는 물건이 없는지 / 다시 한 번 확인해 주시기 바랍니다.//[↘]

오늘도 여러분의[에] 소:중한 여행을 / (   ) 회원사인 저희 (   )항:공과 함께 해주셔서 / 대단히 감:사합니다.//[↘]

저희 승무원들은 앞으로도 / 한 분 한 분 특별히 모시는 마음으로 / 더욱 정성을 다:해 모실 것을 약속드립니다.//[↘]

- 이중모음에 유의

  예) 관계, 좌석, 전화, 전원, 회원사
- 장단음에 유의

  예) 항:공기, 예:정보다, 오:전/오:후, 2[두:]시, 후:, 좌:석 , 전:화의, 전:원, 여:

    실 때는, 조:심해, 소:중한, 항:공, 감:사합니다. 다:해
- '한 분 한 분'에서 '한'은 단음이나 감정을 담아 장음으로 발음하면 승무원의 정성스런 마음이 더욱 실감나게 전달될 수 있다.
- [ㅎ]이 [ㅇ]으로 발음되지 않도록 한다.

  예) 여행, 저희, 특별히

Ladies[léidiz]⌢and gentlemen[dʒéntlmən]. / welcome to Los Angeles.//

We⌢have⌢landed⌢at (Los Angeles) International Airport.//

Today, / we⌢are⌢delayed / due⌢to (aircraft connection).//

We thank you for your patience / and kind understanding.//

The local time is now (2 : 30) p.m. / (Oct) (19th) / and the temperature is ( ) degrees Celsius and ( ) degrees Fahrenheit.//

For your safety, / please remain⌢seated[sí:tid] / with⌢your mobile phones switched[swɪtʃt]⌢off / until the seat belt sign is turned off.//

When leaving the aircraft, / please take care / when opening the overhead compartments / and check that you have not left anything behind.//

Thank you once again / for⌢flying ( ) Airlines, / a member of ( ) alliance / and we hope to see you again soon / on your next flight.//

- patience[péiʃns] : 인내심[패티언스]로 발음하지 않도록 유의
- 단어 끝에 오는 [t, d, k, p] 등은 약하게 발음
- 복수형의 's'를 생략하여 발음하지 않도록 유의
- temperature[témprətʃər] : 기온, 온도
- degree[digrí:] : 도
- Celsius[sélsiəs] 섭씨[**쎌씨**어스]
  cf) Fahr·en·heit[fǽrənhait] : 화씨[**f ㅐ**런하잇]
- switch[switʃ] off : (스위치를) 끄다
- use[ju:z] caution[|kɔ:ʃn] : 조심하다
- content[ká:ntent] : 내용물
- alliance[əláiəns] : 연합[얼**라이**언스]; 틀리기 쉬우므로 발음에 유의

※ 주요 도시 및 공항명 읽기 연습

구분	Code	도시명	공항명
일본	HND	Haneda 하네다	Tokyo International Airport 동경 국제공항
	NRT	Tokyo 도쿄	Narita International Airport 나리타 국제공항
	KIX	Osaka 오사카	Kansai International Airport 칸사이 국제공항
	OKA	Okinawa 오키나와	Okinawa Naha International Airport 오키나와 나하 국제공항
	NGO	Nagoya 나고야	Central Japan International Airport 중부 국제공항
	FUK	Fukuoka 후쿠오카	Fukuoka International Airport 후쿠오카 국제공항
중국	PEK	Beijing 베이징	Beijing Capital International Airport 베이징 서우두 국제공항
	SHA	Shanghai 상하이	Shanghai Pudong International Airport 상하이 푸동 국제공항
	HKG	Hong Kong 홍콩	Hong Kong International Airport 홍콩 국제공항
	CAN	Guangzhou 광저우	Guangzhou Baiyun International Airport 광저우 바이윈 국제공항
	CGQ	Changchun 장춘	Changchun Longjia International Airport 장춘 룽지아 국제공항
	TAO	Qingdao 칭다오	Qingdao Liu Ting International Airport 칭다오 류팅 국제공항
	TPE	Taipei 타이베이	Taiwan Taoyuan International Airport 타이완 타오위안 국제공항
	YNT	Yantai 옌타이	Yantai Laishan International Airport 옌타이 라이산 국제공항

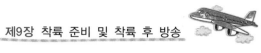

구분	Code	도시명	공항명
동/서남 아시아	ICN	Incheon 인천	Seoul Incheon International Airport 서울 인천 국제공항
	BKK	Bangkok 방콕	Bangkok Suvarnabhumi International Airport 방콕 수완나품 국제공항
	SIN	Singapore 싱가포르	Singapore Changi International Airport 싱가포르 창이 국제공항
	SGN	Ho Chi Min 호치민	HoChiMin TanSonNat International Airport 호치민 탄손낫 국제공항
	MNL	Manila 마닐라	Manila Ninoi Akino International Airport 마닐라 니노이 아키노 국제공항
	REP	Siem Reap 씨엠립	Siem Reap Ankor International Airport 씨엠립 앙코르 국제공항
	HAN	Hanoi 하노이	Hanoi Noi Bai International Airport 하노이 노이바이 국제공항
	DEL	Delhi 델리	Delhi Indira Gandhi International Airport 델리 인디라 간디 국제공항
	CGK	Jakarta 자카르타	Jakarta Soekarno-Hatta International Airport 자카르타 수카르노 하타 국제공항
	BOM	Mumbai 뭄바이	Chhatrapati Shivaji International Airport 차트라파티 시바지 국제공항
	CEB	Cebu 세부	Mactan Cebu International Airport 막탄 세부 국제공항
	RGN	Yangon 양곤	Yangon International Airport 양곤 국제공항
	CNX	Chiang Mai 치앙마이	Chiang Mai International Airport 치앙마이 국제공항
	KTM	Kathmandu 카트만두	Tribhuvan International Airport 트리부반 국제공항
	BKI	Kota Kinabalu 코타키나발루	Kota Kinabalu International Airport 코타키나발루 국제공항
	CMB	Colombo 콜롬보	Bandaranaike International Airport 반다라나이케 국제공항
	KUL	Kuala Lumpur 쿠알라룸푸르	Kuala Lumpur International Airport 쿠알라룸푸르 국제공항
	PNH	Phnom Penh 프놈펜	Phnom Penh International Airport 프놈펜 국제공항

구분	Code	도시명	공항명
대양주	GUM	Guam 괌	Guam International Airport 괌 국제공항
	SPN	Saipan 사이판	Saipan International Airport 사이판 국제공항
	SYD	Sydney 시드니	Sydney Kingsford Smith International Airport 시드니 킹스포드 스미스 국제공항
	AKL	Auckland 오클랜드	Auckland International Airport 오클랜드 국제공항
	CRK	Clark Field 클라크 필드	Clark Diosdado Macapagal Int'l Airport 클라크 디오스다도 마카파갈 국제공항
	NAN	Nadi 난디	Nadi International Airport 난디 국제공항
	BNE	Brisbane 브리즈번	Brisbane International Airport 브리즈번 국제공항
미주	ANC	Anchorage 앵커리지	Ted Stevens Anchorage International Airport 테드 스티븐스 앵커리지 국제공항
	LAX	Los Angeles 로스앤젤레스	Los Angeles International Airport 로스앤젤레스 국제공항
	NYC	New York 뉴욕	New York John F. Kennedy Int'l Airport 뉴욕 존 에프 케네디 국제공항
	SEA	Seattle 시애틀	Seattle-Tacoma International Airport 시애틀 타코마 국제공항
	DFW	Dallas 댈러스	Dallas Fort Worth International Airport 댈러스 포트워스 국제공항
	LAS	Las Vegas 라스베이거스	McCarran International Airport 매캐런 국제공항
	ORD	Chicago 시카고	O'Hare International Airport 오헤어 국제공항

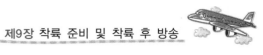

구분	Code	도시명	공항명
미주	ATL	Atlanta 애틀랜타	Hartsfield-Jackson Atlanta International Airport하츠 필드-잭슨 애틀랜타 국제공항
	IAD	Washington D.C. 워싱턴 D.C.	Washington Dulles International Airport 워싱턴 덜레스 국제공항
	HNL	Honolulu 호놀룰루	Honolulu International Airport 호놀룰루 국제공항
	YVR	Vancouver 밴쿠버	Vancouver International Airport 밴쿠버 국제공항
	GRU	Sao Paulo 상파울루	Sao Paulo Guarulhos International Airport 상파울루 과룰료스 국제공항
	YYZ	Toronto 토론토	Lester B Pearson International Airport 레스터 비 피어슨 국제공항
유럽	LGW/ LHR	London 런던	London Gatwick International Airport 런던 개트윅 국제공항 London Heathrow International Airport 런던 히드로 국제공항
	FCO	Rome 로마	Leonardo da Vinci Fiumicino International Airport 레오나르도 다빈치 국제공항
	MAD	Madrid 마드리드	Madrid-Barajas International Airport 마드리드-바라하스 국제공항
	MXP	Milano 밀라노	Milan Malpensa International Airport 밀라노 말펜사 국제공항
	VIE	Vienna 비엔나	Vienna International Airport 비엔나 국제공항
	AMS	Amsterdam 암스테르담	Amsterdam Schiphol International Airport 암스테르담 스키폴 국제공항

구분	Code	도시명	공항명
유럽	IST	Istanbul 이스탄불	Istanbul Ataturk International Airport 이스탄불 아타투르크 국제공항
	ZRH	Zurich 취리히	Zurich International Airport 취리히 국제공항
	CDG	Paris 파리	Paris-Charles de Gaulle International Airport 파리-샤를 드골 국제공항
	PRG	Praha 프라하	Vaclav Havel International Airport 바츨라프 하벨 국제공항
	FRA	Frankfurt 프랑크푸르트	Frankfurt International Airport 프랑크푸르트 국제공항
중동/아 프리카	NBO	Nairobi 나이로비	Jomo Kenyatta International Airport 조모 케냐타 국제공항
	AUH	Abu Dhabi 아부다비	Abu Dhabi International Airport 아부다비 국제공항
	CAI	Cairo 카이로	Cairo International Airport 카이로 국제공항
	TLV	Tel Aviv 텔아비브	Ben Gurion International Airport 벤구리온 국제공항
러시아/ 몽골/중 앙아시 아	SVO	Moscow 모스크바	Sheremetyevo International Airport 셰레메티예보 국제공항
	VVO	Vladivostok 블라디보스토크	Vladivostok International Airport 블라디보스토크 국제공항
	LED	Saint Petersburg 상트페테르부르크	Pulkovo International Airport 풀코보 국제공항
	ULN	Ulaanbaatar 울란바토르	Chinggis Khaan International Airport 칭기스칸 국제공항
	IKT	Irkutsk 이르쿠츠크	International Airport Irkutsk 이르쿠츠크 국제공항
	TAS	Tashkent 타슈켄트	Tashkent International Airport 타슈켄트 국제공항

6. 검역(Quarantine)

안내 말씀 드리겠습니다.

공항 도착 후 검역(체온 측정)이 실시될 예정입니다.

비행기에서 내리신 후 검역관의 안내를 받으시기 바랍니다.

감사합니다.

Ladies and gentlemen.

Your body temperature will be checked in the airport.

We apologize for this inconvenience.

Thank you.

1. 여행자 검역

   : 전염병(황열병, 콜레라, 페스트, SARS, 조류 인플루엔자 등) 오염 지역인 동남아시아, 중남미에서 입국하는 모든 여행자는 검역질문서를 작성하여 검역관에게 제출해야 하며, 또한 발열, 설사, 구토 등의 증상이 있을 경우에도 전염병 확산 방지를 위해 반드시 검역관에게 신고해야 한다.

2. 농산물, 축산물, 수산물에 대한 검역
   - 과일, 채소 등 각종 농산물
   - 육류, 육가공품 등 축산물
   - 어류, 패류, 갑각류 등 수산물

3. 관광객이 반입하기 쉬운 반입 금지 물품
   - 살아 있는 동식물
   - 산호, 상아, 거북 등껍질 등으로 만든 장식품이나 액세서리
   - 호랑이, 여우 등의 모피와 코트, 악어, 뱀가죽 손목시계 및 가방
   - 웅담, 영양각, 사향 등과 그 추출물이 함유된 약재
   - 식품(철갑상어 고기와 캐비어 관련 제품)

안:내 말씀 드리겠습니다.//[↘]

공항 도착 후: 검:역(체온 측정)이 실시될 예:정입니다.//[↘]

비행기에서 내리신 후: 검역관의[에] 안:내를 받으시기 바랍니다.//[↘]

감:사합니다.//[↘]

- 이중모음에 유의

   예) 검역관[거:멱꽌]

- 장단음에 유의

   예) 안:내, 검:역, 예:정, 후:, 감:사

Ladies[léidiz]⌢and gentlemen[dʒéntlmən]. /

Your body temperature will be checked in the[ði] airport.

We apologize[əpáːlədʒaiz] for this inconvenience[inkənvíːniəns].

Thank[θæŋk]⌢you.

- temperature[témprətʃʊr] : 기온, 온도
- apologize[əpáːlədʒaiz] : 사과하다[어**팔**-러자이z]
   n. apology[əpáːlədʒi] : 사과
- inconvenience[inkənvíːniəns] : 불편[인컨 **v** ㅣ-니언s] 발음에 유의

---

7. 하기(Deplane)

손님 여러분,
지금부터 앞문을 이용하여 내려주시기 바랍니다.

> [Step Car]
>
> 공항 사정으로 여러분을 터미널까지 버스로 모시겠습니다.
>
> 계단으로 내려가실 때는 미끄러지지 않도록 조심하시기 바랍니다.

오늘 저희 (　　)항공을 이용해 주신 손님 여러분께 다시 한 번 진심으로 감사
드립니다.

Ladies and gentlemen.
You may now exit the aircraft through the front door.

> [Step Car]
>
> Due to the airport conditions, we will take you to the terminal through
> the airport shuttle bus instead of using the boarding bridge directly.
>
> Please watch your step when you exit the aircraft.
>
> We really appreciate your kind understanding.

On behalf of (　　) Airlines, we would like to thank you for allowing us to serve
you today and we hope to see you again soon.
Thank you and Good bye. 감사합니다. 안녕히 가십시오.

손님 여러분, /

지금부터 앞문을 이용하여[해] 내려주시기 바랍니다.//[↘]

[Step Car]

공항 사정으로 / 여러분을 터미널까지 / 버스로 모:시겠습니다.//[↘]

계단으로 내려가실 때는 / 미끄러지지 않도록 조:심하시기 바랍니다.//[↘]

오늘 저희 (   )항:공을 이용해 주신 손님 여러분께 / 다시 한 번 진심
으로 감:사드립니다.//[↘]

• 장단음에 유의

    예) 모:시겠습니다, 조:심하시기, 항:공, 감:사

※ 승객의 하기 방법(Deplane)

• Boarding Bridge 이용

    Boarding Bridge를 이용하여 터미널로 바로 연결하여 하기하는 방법

• Step Car 이용

    공항 터미널이 이용하는 항공기들로 혼잡하여 이용 가능한 Boarding
    Bridge가 없는 경우 항공기 계류장의 한 Spot에 항공기를 주기한 후 항
    공사의 Step Car를 이용하여 승객들이 비행기에서 하기하고, 이어서 공
    항 내 이동 버스를 타고 터미널까지 도착하는 방법

Ladies[léidiz]⌒and gentlemen[dʒéntlmən]. /

You may now exit[éksit] the[ði] aircraft / through the front door.//

[Step Car]

Due⌒to the[ði] airport conditions, / we will take you to the terminal /

through the[ði] airport shuttle[ʃʌtl] bus / instead⌒of using the boarding bridge

directly[diréktli].//

Please watch your step / when you exit the[ði] aircraft.//

We really appreciate[əprí:ʃieɪt] your kind understanding.//

On⌒behalf[biháef]⌒of (　　　) Airlines, / we would like to thank you for /

allowing⌒us to serve you today / and we hope⌒to see you again soon.//

Thank[θæŋk]⌒you and good⌒bye.// 감:사합니다. / 안녕히 가십시오.//[↘]

- exit[éksit]의 발음에 유의
- 모음 앞의 the 발음에 유의
  예) the[ði] aircraft, the[ði] airport
- shuttle[ʃʌtl] : 왕복
- directly[diréktli] : 곧바로, 'ly' 앞의 't'는 약하게 발음
- appreciate[əprí:ʃieɪt] : 고마워하다
- On behalf of : ~을 대신하여, 대표하여
- behalf[biháef] : 발음에 유의, [l] 묵음[비**해**-f]

제 10 장

Irregular Announcement

Irregular Announcement

1. Useful Expressions For Irregularity

한국어	영어
악천후	bad weather
폭설	heavy snow
강풍	strong wind
태풍	typhoon(a hurricane)
강한 맞바람	strong head winds
폭우	heavy rain
짙은 안개	dense fog
가시거리 확보의 어려움	poor visibility
항공기 정비	aircraft maintenance
항공기 점검	aircraft safety check
엔진 이상	some engine problems
활주로 혼잡	runway congestion
공항 혼잡	air traffic congestion
항공편 연결	flight connections
출국장 혼잡	delayed immigration procedures
수하물 탑재	delayed baggage loading
조류 충돌	bird strike

2. 기류 변화(Turbulence)

손님 여러분,

기류가 불안정하여 비행기가 많이 흔들리고 있습니다.

좌석에 앉으셔서 좌석벨트를 몸에 맞게 매주시기 바라며, 동반한 어린이의 좌석벨트 상태도 확인해 주시기 바랍니다.

기류가 안정되는 대로 다시 (식사) 서비스를 해드리겠습니다.

감사합니다.

Ladies and gentlemen.

We're now experiencing some turbulence.

Please remain seated and fasten your seat belt until the captain turns off the seat belt sign.

Also, please recheck that your children are securely fastened.

We will resume the (meal) service after the turbulence subsides.

Thank you.

※ **Turbulence의 정도에 따른 객실승무원의 행동 요령**

1. Light(기장의 Fasten Seat belt 사인 1회)
   - 컵의 음료수가 약간 넘치는 정도이며 기내에 서서 일하기 조금 힘든 상황
   - 승무원들은 승객의 착석과 벨트 착용 요청 및 확인 실시
2. Moderate(기장의 Fasten Seat belt 사인 2회)
   - 컵에 음료를 따르기 어렵고, 카트를 움직이기 어려움
   - 승무원은 즉시 안내 방송 실시 및 서비스 중단
   - 기체 요동이 지속될 경우 Cart를 Galley 내 보관
3. Severe(기장의 Fasten Seat belt 사인 2회)
   - 서비스 기물로 인해 상해를 입을 수 있는 정도이며 기내에서 걸어다닐 수 없고 좌석벨트를 즉시 착용하거나 자세를 낮추어야 한다.
   - 승무원은 즉시 안내 방송 실시 및 서비스 중단
   - 승객의 착석 후 벨트 착용 요청
   - 승무원이 객실 내에 있는 경우 인근 승객 좌석에 착석 후 벨트 착용

손님 여러분, /

기류가 불안정하여[해] 비행기가 많이 흔들리고 있습니다.//[↘]

좌:석에 앉으셔서 / 좌:석벨트를 몸에 맞게 매:주시기 바라며, / 동반한 어린이의[에] 좌:석벨트 상태도 / 확인해 주시기 바랍니다.//[↘]

기류가 안정되는 대로 / 다시 (식사) 서비스를 해드리겠습니다.//[↘]

감:사합니다.//[↘]

- 장단음에 유의

  예) 좌:석, 매:, 감:사
- 이중모음에 유의

  예) 좌:석, 확인
- '불안정하여' → [불안정해]
- 조사 '의'는 [에]로 발음

  예) 어린이의[에]

Ladies[léidiz]⌒and gentlemen[dʒéntlmən]. /

We're now experiencing some turbulence[tɜːrbjələns].//

Please remain⌒seated / and fasten your seat̲ belt̲ / until the captain turns⌒off the seat̲ belt̲ sign.//

Also, / please recheck / that your children are securely⌒fasten̲ed.//

We will resume[rizúːm] the (meal) service / after the turbulence subsi̲des[səbsáidz].//

Thank[θǽŋk]⌒you.

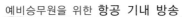
- turbulence[**t3:**rbjələns] : 난기류
- 연음에 유의

  예) remain‿seated turns‿off securely‿fastened
- resume[riz**ú**:m] : 재개하다, 다시 시작하다
- subside[səbs**á**id] : 진정되다

3. 금연 안내 방송(No Smoking)

안내 말씀 드리겠습니다.

기내 화재 방지를 위하여 화장실을 포함한 기내에서는 금연이오니 협조해 주시기 바랍니다.

감사합니다.

Ladies and gentlemen.

Please note that smoking is strictly prohibited in the cabin and the lavatories during the flight.

Your cooperation is much appreciated.

Thank you.

※ 기내 화재 발생 시 승무원의 행동 절차

1. 화재 상황은 기장에게 신속히 알리고 동료들에게도 알려 화재 진압 도움 요청

2. 소화기로 진압(필요시 PBE, 방화장갑, 방화복 착용 후 진압)

     * 소화기는 화재의 성격에 맞게 사용

     ① 종이, 린넨, 잡지 등 → H_2O소화기, Halon 소화기

     ② 오븐, 커피메이커 등 전기제품, 페인트 등 휘발성 액체 → Halon 소화기

     * 화재 진압 시 주변의 O_2 Bottle 등은 다른 곳으로 옮긴다.

3. Galley 내 전기 화재의 경우 전기 차단기인 Circuit Breaker를 뽑거나 Master Power 스위치로 전원을 차단한다.

4. 재발 방지를 위해 화재가 발생한 곳을 재점검 및 승객 진정 연기가 심할 경우 코와 입을 가릴 수 있는 젖은 타월 제공하고 자세를 최대한 낮추도록 안내한다.

안:내 말:씀 드리겠습니다.//[↘]

기내 화:재 방지를 위하여[해] 화장실을 포함한 기내에서는 금:연이오니 협조[협쪼]해 주시기 바랍니다.//[↘]

감:사합니다.//[↘]

- 장단음에 유의
    예) 안:내, 말:씀, 화:재, 금:연, 감:사
- 이중모음에 유의
    예) 화재, 화장실
- 자음 'ㅎ' 발음에 유의
    예) 포함한

Ladies[léidiz]⌒and gentlemen[dʒéntlmən]. /

Please⌒note / that smoking is strictly prohibited / in the cabin and the lavatories[lǽvətɔːriz] / during the flight.//

Your cooperation is much appreciated.//

Thank[θæŋk]⌒you.//

- prohibited[prouhíbitid] : 금지된
- lavatories[lǽvətɔːriz] : 기내 화장실
- cooperation[kouɑ́ːpəréiʃn] : 협력
- appreciate[əpríːʃieit] : 고마워하다
- appreciated에서 '-ed'는 약하게 발음

---

4. Doctor Paging

안내 말씀 드리겠습니다.
기내에 응급 환자가 있습니다.
승객 중에 의사나 간호사가 계시면 저희 승무원에게 말씀해 주십시오.
감사합니다.

Ladies and gentlemen.
We have a sick passenger in the cabin.
If there is a doctor, nurse or anyone with medical training certificate on board,
please contact one of our cabin crew.
Thank you.

안:내 말:씀 드리겠습니다.//[↘]

기내에 응급 환:자가 있습니다.//[↘]

승객 중에 의사나 간호사가 계:시면 / 저희 승무원에게 말:씀해 주십시오.//[↘]

감:사합니다.//[↘]

> • '의사'에서 [의] 발음에 유의, 음가를 정확히 발음한다.
>   [이사](×), [으사](×), [의사](○)

Ladies[léidiz]⌒and gentlemen[dʒéntlmən]. /

We have a sick passenger in the cabin.//

If there is a doctor, / nurse / or anyone with medical training certifica<u>te</u>[sərtífikət]

on boar<u>d</u>, / please contac<u>t</u>[ká:ntækt] one of our cabin crew.//

Thank[θæŋk]⌒you.

> • certificate[sərtífikət] : 증명서, 발음과 강세에 유의
> • contact[ká:ntækt] : 연락하다, 강세에 유의

5. 항공기 지연(Delay)

안내 말씀 드리겠습니다.

아직 탑승하지 못한 일부 승객들을 기다리고 있어 출발이 다소 지연되고 있습니다. 탑승하는 대로 출발하겠으니 손님 여러분의 많은 양해 부탁드립니다.
감사합니다.

Ladies and gentlemen.

We're now waiting for some passengers to board the aircraft.

We will depart as soon as possible.

We appreciate your patience and understanding.

Thank you.

안ː내 말ː씀 드리겠습니다.//[↘]

아직 탑승[탑씅]하지 못ː한[모ː탄] 일부 승객들을 기다리고 있어 / 출발이 다소 지연되고 있습니다.//[↘]

탑승하는 대로 출발하겠으니 / 손님 여러분의[에] 많ː은 양해 부탁드립니다.//[↘]

감ː사합니다.//[↘]

> • 자음 'ㅎ' 발음에 유의
>   예) 출발하겠으니, 양해

Ladies[léidiz]⌒and gentlemen[dʒéntlmən]. /

We're now waiting⌒for some passenger_s / to boar_d the[ði] aircraf_t.//

We will depar_t as⌒soon⌒as possible.//

We appreci_ate[əpríːʃieit] your patience[péiʃns] and understanding.//

Thank[θæŋk]⌒you.//

- 연음에 유의
  Ladies‿and, waiting‿for, as‿soon‿as, Thank‿you
- as [앞의 s는 약하게 발음] ‿soon
- patience[péiʃns] : 인내[페티언스]로 발음하지 않도록 유의

6. 회항(Diversion)

안내 말씀 드리겠습니다.

(   ) 공항의 짙은 안개로 인해 착륙이 불가능합니다.

우리 비행기는 (   )공항에 임시 착륙하도록 하겠습니다.

약 (   )분 후 도착할 예정이며, 자세한 사항은 다시 알려드리겠습니다.

감사합니다.

Ladies and gentlemen.

Due to dense fog at (목적지 공항명) airport, it has been impossible for us to land.

We will arrive at (임시 공항명) airport in about (   ) minutes.

We will try our best to get you to your destination as soon as possible and give you further information.

Thank you.

> ※ 비상 탈출을 지시하는 명령자의 우선순위
>
> 1순위 : 기장(PIC, Pilot In Command)
>
> ↓
>
> 2순위 : 교대 기장(Augmented/Relief Captain)
>
> ↓
>
> 3순위 : 부기장(F/O, First Officer)
>
> ↓
>
> 4순위 : 객실장(Duty Purser)
>
> ↓
>
> 5순위 : 객실승무원(직책 우선, 상위 직급 순)

안:내 말:씀 드리겠습니다.//[↘]

(　　　) 공항의[에] 짙은 안:개로 인해 / 착륙이[창뉴기] 불가능합니다.//[↘]

우리 비행기는 / (　　　) 공항에 임시 착륙하도록 하겠습니다.//[↘]

약 (　　)분 후: 도:착할[도:차칼] 예:정이며, / 자세한 사항은 다시 알려드리겠습니다.//[↘]

감:사합니다.//[↘]

- 'ㅎ' 발음에 유의
  예) 비행기, 도착할, 자세한, 사항
- 장단음에 유의
  예) 안:내 말:씀 안:개 도:착 예:정 감:사

Ladies[léidiz]⁀and gentlemen[dʒéntlm ən]. /

Due⁀to dense fog at (목적지 공항명) airport, / it has been impossible for⁀us to⁀land.//

We will arrive⁀at (임시 공항명) airport / as⁀an alternate[ɔ́:ltərnət] airport / in⁀about (　　) minutes.//

We will try our best / to get you to your destination / as⁀soon⁀as possible / and give⁀you further information.//

Thank[θæŋk]⁀you.//

- 연음에 유의하여 발음
- 목적지 공항명도 정확히 파악하여 발음한다.
- dense fog : 짙은 안개
- alternate[ɔ́:ltərnət] : 대체의[올-터넛], 발음에 유의
- alternate airport : 대체 공항
- destination[destinéiʃn] : 목적지, 도착지

7. 회항 후(After Diversion)

안내 말씀 드리겠습니다.

우리 비행기는 방금 (   ) 공항에 임시 착륙하였습니다.

내리셔서 저희 공항 직원의 안내를 받으시고, 대합실에서 기다려주시기 바랍니다.

짐은 기내에 보관하시고, 귀중품은 가지고 내리시기 바랍니다.

불편을 끼쳐드려 대단히 죄송합니다.

Ladies and gentlemen.

We have just landed at (   ) airport.

All passengers are required to exit the aircraft and wait in the airport lounge.

Please keep your baggage in the cabin, but please take your valuables with you when you exit.

We are terribly sorry for the inconvenience and appreciate your kind understanding. Thank you.

※ 비상사태 시 처리 기본 원칙

① 충격으로부터의 보호

② 항공기로부터의 탈출

③ 환경으로부터의 생존

안:내 말:씀 드리겠습니다.//[↘]

우리 비행기는 방금 / (   ) 공항에 임시 착륙하였습니다[했습니다].//[↘]

내리셔서 저희 공항 직원의[에] 안:내를 받으시고, / 대합실에서 기다려주시기 바랍니다.//[↘]

짐은 기내에 보:관하시고, / 귀중품은 가지고 내리시기 바랍니다.//[↘]

불편을 끼쳐드려 대단히 죄:송합니다.//[↘]

- 'ㅎ' 발음에 유의
  예) 비행기, 저희, 대합실, 대단히
- '착륙하였습니다' → [착륙했습니다] 구어체 표현
- 이중모음에 유의
  예) 직원, 보관, 귀중품, 죄송
- 장단음에 유의
  예) 안:내, 말:씀, 보:관, 죄:송

Ladies[léidiz]⌢and gentlemen[dʒéntlmən] /

We have just landed⌢at (　　　) airport.//

All passengers are⌢required⌢to / exit the[ði] aircraft / and wait in the[ði] airport lounge.//

Please keep⌢your baggage in the cabin, / but please take your valuables with⌢you / when you exit.//

We are terribly sorry for the[ði] inconvenience / and appreciate your kind understanding.

Thank[θæŋk]⌢you.//

- lounge[laʊndʒ] : 공항 대합실, 라운지
- valuables[vǽljuəblz] : 귀중품[v ̬유어블z]
- terribly[térəbli] : 너무, 대단히
- inconvenience[inkənvíːniəns] : 불편[인컨v ǀ -니언스] 발음에 유의
- appreciate[əpríːʃieit] : 고마워하다

8. 선회(Circling)

안내 말씀 드리겠습니다.
(   )공항에 이착륙하는 항공기가 많은 관계로 공항 상공을 선회하고 있습니다.
공항 관제탑으로부터 착륙 허가를 받는 대로 곧 착륙하겠습니다.
감사합니다.

Ladies and gentlemen.
We're now circling around the airport due to the heavy air traffic at (   ) airport.
We will land right after we get the landing permission from the air traffic control
tower.
Thank you.

※ 충격 방지 자세(Brace Position)
  = 비상 착륙 시 심한 충격으로 인한 승객의 머리와 목 등의 부상을 최
    소화하기 위한 충격 방지 자세
• 양 팔을 엇갈리게 하여 앞좌석 등받이 상단을 잡는다.
• 최대한 엇갈린 양팔 사이로 머리를 숙인다.
• 양 발을 어깨 너비로 벌려 약간 앞으로 내밀어 발바닥을 힘껏 밀착시킨다.

<앞좌석이 없는 좌석의 경우>
• 양 발을 어깨 너비로 벌리고 손은 양 발목을 잡는다.
• 양 다리 사이로 머리를 최대한 숙인다.

안:내 말:씀 드리겠습니다.//[↘]

(   )공항에 / 이:착륙하는[이:창뉴카는] 항:공기가 많:은 관계로 / 공항
상:공을 선회하고 있습니다.//[↘]

공항 관제탑으로부터 착륙[창뉵] 허가를 받는 대로 / 곧 착륙하겠습니다.//[↘]
감:사합니다.//[↘]

- 이중모음에 유의
  예) 관계, 선회, 관제탑
- 장단음에 유의
  예) 안:내, 말:씀, 보:관, 죄:송

Ladies[léidiz]⌒and gentlemen[dʒéntlmən]. /

We're now circling around the[ði] airport / due to the heavy air traffic at
(   ) airport.//

We will land / right after we receive the landing permission / from the[ði]
air traffic control tower.

Thank[θæŋk]⌒you.//

- circle[s3:rkl] : (공중에서) 빙빙 돌다
- heavy air traffic : 항공교통체증
- receive[risí:v]: 받다
- permission[pərmíʃn] : 허가
- air traffic control tower : 항공 관제탑

부록

항공용어

1. 항공 기내 관련

air bleeding

이륙 전 갤리 내의 water boiler 또는 coffee maker에서 기포가 없는 물이 나올 때까지 충분히 물을 빼내어 안에 차 있는 공기를 제거하는 것. 반드시 air bleeding 후 전원을 켜야 한다.

air show

승객 좌석에 장착된 Monitor나 기내 벽면에 설치된 Screen을 통해 비행고도, 현재시간, 비행속도, 외부온도, 비행경로, 남은 비행시간 등의 운항정보를 제공하는 시스템

air sick

비행기 멀미

aisle

복도

aisle seat

복도 좌석

air ventilation

기내의 공기를 순환하는 기내 환기시설

armrest

좌석 팔걸이

aviation regulations

항공법

Audio & Video On Demand(AVOD)

승객 개인 좌석에 장착된 모니터를 통해 원하는 프로그램을 선택하여 감상할 수 있는 첨단 멀티미디어 시스템

baby bassinet

비행 중 아기를 눕힐 수 있는 유아용 요람

(bulkhead seat(벽면 앞좌석)에 설치할 수 있으며, 승무원은 이륙 후 설치 가능, 승객의 안전을 위해 이착륙 시는 사용 또는 설치 금지)

baby meal

유아를 위한 기내 특별식으로 분유, 이유식, 주스 등이 실린다.

brace position

비상 착륙 시 승객의 머리와 목의 충격을 최소화하는 충격 방지 자세

business class

기내 좌석 등급 중 이등석

bunk

장거리 비행 시 승무원이 쉴 수 있는 공간(침대가 놓여 있음)

cart

기내식 또는 음료, 면세품 등을 담고 있으며, 바퀴가 달려 있어 이동하며 서비스
가 가능하다.

catering

기내식과 음료, 서비스용품, 서비스 기물 등을 공급하는 업무. 이러한 업무를 담
당하는 공장을 catering center라고 한다.

circuit breaker

갤리 내의 전기 과부하 시 작동하는 전원 차단기

closet

옷을 걸어 둘 수 있는 기내의 옷장

coat room

승객의 외투를 걸어서 보관할 수 있는 기내 옷장

coffee maker

갤리 내 장착 설비로서 커피를 뽑아 내릴 수 있는 장비

compartment

서비스 기물이나 서비스용품을 보관해 두는 상자로 갤리 내에 보관됨

complaint letter

승객 불만 편지

CPR(Cardiopulmonary Resuscitation)

심폐소생술

cutlery

스푼, 포크, 나이프 등의 기물

fire extinguisher

소화기

first aid kit(FAK)

기내에 탑재되어 있는 비상 구급약

galley

서비스 물품들이 보관되어 있으며 승무원들이 기내 식음료 등을 준비하는 기내

주방

give away

탑승 기념품

jump seat

승무원 좌석

lavatory

기내 화장실

lay-over

승무원의 목적지 현지 체류

life vest

구명복

liquor cart

주류가 보관된 카트

oven

기내식을 데우는 데 사용하는 갤리 내 오븐

overhead bin

승객의 짐이나 코트 등을 보관하는 머리 위 선반

oxygen mask

산소마스크

PA(Public Address)

승무원 상호 간 연락하는 전화 기능도 포함된 기내 방송장비

PSU(Passenger Service Unit)
　승객 좌석 팔걸이 및 선반 부분에 설치된 승객 편의시설
　(음량 및 채널 조절 버튼, 승무원 호출 버튼, 헤드폰 잭, 독서등)
purser
　객실사무장
safety demonstration
　비상 시 탈출 안내방법 등을 설명하는 승객 안전에 관한 시범
seat back
　승객 등받이
seat pocket
　좌석 주머니
senior stewardess
　선임 여승무원
service(SVC)
　서비스
shoulder harness
　승무원 좌석에 장착된 어깨 벨트
show-up sign
　승무원의 출근부 사인
smoke detector
　화재 방지를 위해 화장실 천장 내부에 장착된 연기 감지기
special meal(SPML)
　건강 및 종교적인 이유로 일반 기내식을 섭취하지 못하는 승객을 위한 기내 특
　별식
stand-by
　승무원의 대기 근무 또는 승객이 공항에서 좌석을 배정받기 위해 대기하는 것
stowage
　기내 창고

tongs

집게(towel tong, bread tong, lemon tong 등이 있다.)

trash compactor

기내에서 발생하는 쓰레기 압축장치

tray table

승객 테이블

water boiler

갤리 내 장착된 온수기

window shade

창문

2. 운송 및 수하물 관련

address

항공예약코드

advance seating product(ASP)

항공편 예약 시 승객이 원하는 좌석을 미리 예약할 수 있는 사전 좌석 배정 제도

airside

보세지역

arrival(ARR)

도착

Auth

여행사 카운터나 영업부 직원이 항공사 직원에게 항공요금 승인을 받는 것

baggage

수하물

baggage claim tag

위탁수하물 식별을 위한 수하물 증표

boarding
  탑승
boarding bridge
  탑승교
boarding pass
  탑승권
boarding time
  항공기 탑승을 시작하는 시간
booking class
  예약 등급(동일한 class의 승객일지라도 단체, 학생할인, 군인할인 등 지불한 운임이 다르다)
bulk loading
  화물을 BOX상태로 탑재하는 것. Headphone, 신문, cup 등 기내 서비스를 위한 대부분의 물품들은 Bulk로 탑재된다.
cancelation(CNXL)
  취소
change(CHG)
  변경
cargo(CGO)
  화물
carry-on baggage(=hand-carry baggage)
  기내 휴대 수하물
charter flight
  전세편, 특정 수요자의 요구에 따라 지정된 노선을 운항함에 있어서 항공기 전부를 임차하는 형태로서 운항구간, 운항시기, 운항 스케줄 등이 부정기적인 운송형태
checked baggage
  위탁 수하물
check-in(counter)
  탑승 수속(카운터)

C.I.Q(Customs, Immigration, Quarantine)

공항 내의 정부기관 시설로서 세관(customs), 출입국관리사무소(immigration), 검역(quarantine) 시설을 말한다.

code sharing

두 항공사의 편명을 공유하는 것으로서 특정 노선에 대해 실제로 운항하는 항공사의 좌석을 일부 임대 및 판매하는 형태로 항공사 코드를 공유하는 것

commercially important person(CIP)

기업의 회장, 사장 등 임원으로서 상당한 영향력을 가진 중요한 승객

connection time

연결 항공편을 갈아타는 데 소요되는 시간

CRS(Computer Reservation System)

컴퓨터 좌석 예약 시스템

customs form

세관 신고서

delay

항공기 지연

deportee(DEPO)

강제 추방자

documents(DOC)

서류

domestic flight

국내선

DUPE(Duplicated Booking)

항공편의 예약이 이중으로 되어 있는 것

economy class

일반석

E/D card(Embarkation/Disembarkation Card)

입국 신고서

entry documents

　입국서류

estimated time of arrival(ETA)

　도착 예정 시간

estimated time of departure(ETD)

　출발 예정 시간

excess baggage charge

　초과 수하물 요금

extra flight

　정기편이 개설된 노선에서 운항하는 운송형태로서 성수기 등의 이유로 정기편
　노선에서의 공급 증대가 필요한 경우 운항을 지원하는 형태로 운송하는 형태

first class

　일등석

free baggage allowance

　무료 수하물 허용량(승객 1인당 무료로 화물칸에 실어 보낼 수 있는 수하물의
　허용량으로서 항공사에 따라 수하물의 무게 또는 수하물의 개수에 따라 무료로
　보낼 수 있는 수하물을 정해두고 이를 초과 시 초과수하물 요금을 받고 있다.)

Free Of Charge(FOC)

　무료로 제공받는 항공권

go show

　예약이 확정되지 않은 승객이 당일 항공기 탑승을 위해 공항에 나오는 것

group(GRP)

　단체

immigration

　출입국 관리소

individual(INDV)

　개인

infant

　유아

international flight

　국제선

itinerary

　항공 여행 일정

landside

　보세지역이 아닌 일반지역

late show

　승객이 탑승 수속 마감 후 카운터에 늦게 나타나는 것

meet & assist service(MAS)

　VIP, CIP 등 특별한 승객에 대한 공항에서의 영접 및 지원 서비스

message(MSG)

　메시지

NIL

　none의 약어. 없음

no show

　예약이 확정된 승객이 사전에 예약 취소 통보 없이 공항에 나타나지 않는 것

over-booking

　no show 승객 발생에 대비하여 판매 가능 좌석 수보다 예약을 더 많이 받는 것

passenger name record(PNR)

　승객 예약기록

PAX(passenger)

　승객

Restricted Items(RI)

　보안상의 이유로 기내에 반입을 제한하는 품목

　(칼, 가위, 야구방망이, 지팡이, 뾰족한 우산, 골프클럽, 라이터 등)

Scheduled Time of Arrival(STA)

　공시된 time table상의 항공기 도착 예정 시간

Scheduled Time of Departure(STD)

　공시된 time table상의 항공기 출발 예정 시간

ship pouch
   운송직원과 객실부서 간 전달 서류 등을 넣은 Bag
S.H.R.(Special Handling Request)
   특별한 관리가 요구되는 운송 승객
stop over
   중간 기착지에서 24시간 이상 체류하는 것
transit
   항공기를 갈아타는 것
Unaccompanied Minor(UM)
   성인 없이 혼자 여행하는 어린이(만5~12시)
upgrade
   상위 좌석으로의 승급, 회사의 형편상 또는 승객의 요구에 따라 이루어지며, 승객의 요구에 의한 좌석 승급의 경우 요금을 지불해야 한다.
VIP(Very Important Person)
   귀빈 승객
void
   취소 표기

3. 운항관련

air traffic control
   항공 관제소
alternative airport
   대체 공항
APO(Airport)
   공항의 약어
approach
   항공기가 착륙을 위해 10,000ft 상공 지점까지 접근하는 운항 절차

apron

항공기를 주기해 두는 주기장

armed position

항공기의 Door에 장착된 Slide Mode를 팽창위치에 둔 상태(비상 탈출을 해야 할 경우 이 상태에서 항공기 Door를 Open하면 Escape Slide는 자동적으로 팽창된다.)

Auxiliary Power Unit(APU)

비행기의 보조 동력장치. 지상과 상공 모두 작동할 수 있으며 항공기 꼬리부분에 장착

block time

항공기가 push back 후 자력으로 움직이기 시작해서부터 목적지 공항에 도착 후 엔진을 정지할 때까지의 시간

Celsius

섭씨

cockpit

조종실

cockpit crew

(조종실 근무의) 운항 승무원

de-icing

항공기 동체의 얼음, 서리, 눈 등을 제거하는 작업

disarmed position

항공기의 Door를 열어도 Escape Slide가 팽창하지 않는 정상위치 상태의 Slide Mode

dispatcher

운항 관리사(항공기의 안전운항을 위해 항공기 출발 전 운항관련 모든 정보를 수집 후 비행 계획을 수립하는 사람)

divert

회항으로서 기상 등의 요인으로 목적지 공항에 착륙하지 못하고 인근 대체 공항으로 돌아가서 임시 착륙하는 것

door handle

Door를 열거나 닫을 때 사용하는 손잡이

emergency ditching

비상 착수

Emergency Location Transmitter(ELT)

비상시 조난된 위치를 송신해 주는 조난 위치 송신기

engine

항공기의 주 동력장치

escape slide

비상 탈출 미끄럼대

Fahrenheit

화씨

flight engineer

항공 기관사

freight

화물

freighter

화물기

general declaration(G/D)

항공기 출항 허가 서류

girt bar

slide mode 변경을 위해 항공기에 고정 또는 분리시킬 때 사용하는 금속막대

ground handling

지상 조업(수하물 탑재, 기내청소 등)

Ground Power Unit(GPU)

지상에 있는 항공기에 전력을 공급하는 장치

hangar

격납고

holding

공항의 혼잡 또는 기타 이유로 관제탑의 지시에 따라 항공기가 지상에서 대기하거나 공중에서 선회하는 것

irregular situation

　불규칙한 상황

landing gear

　착륙 장치

local time

　현지 시간

push back

　활주로로 가기 위해 항공기가 자력으로 움직일 수 있도록 견인차로 항공기를 후
　진시키는 것

quick turn flight

　현지 체류를 오래하지 않고 바로 돌아오는 운항편

ramp

　계류장

ramp-out

　항공기의 출항을 위해 항공기 바퀴가 움직이기 시작하는 상태

runway

　활주로

take-off

　이륙

taxi way

　계류장 내의 항공기 이동 경로인 유도로

turbulence

　기류 변화로 인한 항공기의 흔들림

upper deck

　항공기의 2층 부분으로서 주로 비즈니스 클래스로 운영

weight & balance

　항공기의 중량과 무게 중심 위치를 산출하여 항공기의 균형을 잡는 것

참||고||문||헌

네이버 두산백과사전

네이버 어학사전(http://www.naver.com)

대한항공, 기내 방송 매뉴얼

박연옥·윤선정, 항공기내 방송, 새로미, 2008

박원규, 영어발음 청취 완전 마스터, TOMATO, 2010

샘혼 저, 이상원 옮김, 적을 만들지 않는 대화법, 갈매나무, 2010

아시아나항공, 기내 방송 매뉴얼

양희옥, 최신항공객실업무론, 진샘미디어, 2012

우지은, 30일 완성 목소리 트레이닝, 위즈덤하우스, 2010

이병선, 항공기객실서비스실무, 백산출판사, 2010

이향정·고선희·오선미, 최신 항공업무론, 새로미, 2010

젝키, 젝키의 영어발음 & 발성법 단기완성, 좋은땅, 2010

최현식, 항공기 구조와 객실 안전 이해, 백산출판사, 2012

KBS 한국어연구회, KBS 아나운서와 함께 배우는 한국어 표준 발음 바르게 읽기,
        한국방송출판, 2012

TIOETs, 발음하기 어려운 영어 문장, tongue twister

http://blog.naver.com/teo337?Redirect=Log&logNo=140165149694

http://terms.naver.com/entry.nhn?docId=1185483&mobile&categoryId=200000822

저자 소개

■ 여세희
아시아나항공 객실승무원
대구광역시 관광정책자문위원
항공서비스포럼 이사
현) 영진전문대학 국제관광계열 교수

예비승무원을 위한 **항공 기내 방송**

2014년 2월 20일 초판 1쇄 인쇄
2014년 2월 25일 초판 1쇄 발행

저　자　여　　세　　희
발행인　진 욱 상 · 진 성 원

저자와의
합의하에
인지첩부
생략

발행처　**백산출판사**
서울시 성북구 정릉로 157(백산빌딩 4층)
등록 : 1974. 1. 9. 제 1-72호
전화 : 914-1621, 917-6240
FAX : 912-4438
http://www.ibaeksan.kr
editbsp@naver.com

값 **15,000원**
ISBN 978-89-6183-882-5